计算机网络原理完全图解

【日】基恩（Gene）【著】
陈欢【译】

中国水利水电出版社
www.waterpub.com.cn
·北京·

内 容 提 要

现在，我们对网络已经非常熟悉了，网络资讯、电子邮件、网络购物、网络搜索、远程办公、网上交流、网络在线学习、网络文件传输……通过连入互联网，我们就可以方便地使用这些网络服务。可以说网络改变了我们的工作和生活方式。然而网络是如何发生作用的，它的结构和工作原理是什么，很多人可能并不清楚。《完全图解计算机网络原理》一书就用通俗易懂的文字，结合直观清晰的插图，对网络的基础知识、网络的构成元素、网络间的通用语言TCP/IP、Web网站的运行原理、以太网与无线局域网、路由、网络安全技术等进行了详细解说，适合所有对网络技术感兴趣的广大读者参考学习。

图书在版编目（CIP）数据

完全图解计算机网络原理 / (日) 基恩著 ; 陈欢译. -- 北京 : 中国水利水电出版社, 2023.5(2024.7重印
ISBN 978-7-5226-1264-5

Ⅰ.①完… Ⅱ.①基… ②陈… Ⅲ.①计算机网络–图解 Ⅳ.①TP393-64

中国国家版本馆CIP数据核字(2023)第048575号

北京市版权局著作权合同登记号　图字：01-2022-4994

図解まるわかり ネットワークのしくみ
(Zukai Maruwakari Network no Shikumi: 5749-8)

书　　名	完全图解计算机网络原理 WANQUAN TUJIE JISUANJI WANGLUO YUANLI
作　　者	[日] 基恩（Gene） 著
译　　者	陈欢　译
出版发行	中国水利水电出版社 （北京市海淀区玉渊潭南路 1 号 D 座 100038） 网址：www.waterpub.com.cn E-mail：zhiboshangshu@163.com 电话：（010）62572966-2205/2266/2201（营销中心）
经　　销	北京科水图书销售有限公司 电话：（010）68545874、63202643 全国各地新华书店和相关出版物销售网点
排　　版	北京智博尚书文化传媒有限公司
印　　刷	北京富博印刷有限公司
规　　格	148mm×210mm　32 开本　6.875 印张　223 千字
版　　次	2023 年 5 月第 1 版　2024 年 7 月第 2 次印刷
印　　数	4001—6000 册
定　　价	79.80 元

前言

当今社会，我们对网络已经非常熟悉了。

尤其是智能手机的普及，使网络变得更加贴近生活。无论是商业活动还是个人生活，越来越多的人通过连接互联网的方式使用着各式各样的网络服务。

那么对我们的工作生活而言，如此不可或缺的网络，

它的工作原理究竟是怎样的呢？

想必有很多人对这个问题感到好奇吧！

创作本书的目的就是为了满足这类读者的好奇心，激发他们对网络技术的更大兴趣。

如果出于好奇而盲目地去查阅那些晦涩难懂的技术和术语的话，可能会觉得很复杂，因为网络通信实际上是由大量不同的技术实现的。

笔者认为理解网络技术的诀窍是首先要对网络的整体架构有一个全面的认识。

在本书中，首先会对大家平时所使用的网络的整体结构进行讲解，之后再对构成网络的路由器和二层交换机等网络设备的工作原理进行讲解。

不过，本书介绍的内容只是网络技术的一个入口，对于全面理解网络技术而言，也只能起到“师傅领进门”的作用。因此，如果通过对本书的学习，能够让广大读者对更深层次的网络技术产生兴趣的话，笔者将会非常高兴。

最后，本书是在很多人的帮助下才得以完成的，笔者想借此机会对所有参与制作本书的相关人员表示深深的感谢！谢谢大家！

Gene

目录

第 7 章 网络安全技术——防止网络攻击 189

第1章

网络基础知识——把握网络的整体结构

我们为什么需要使用网络

网络究竟是什么

虽然计算机网络也叫网络，但是从广义上来讲，网络也包括物流、交通、人脉等不同领域中的网络。也就是说，只要是呈现为网状结构的组织都可以称为网络。在本书中，我们将针对专门用于计算机与计算机之间的数据传输机制，也就是**计算机网络**进行讲解。

我们可以通过连接个人电脑或者智能手机等信息终端的方式来创建计算机网络。创建好计算机网络之后，**就可以借助计算机网络与其他用户进行数据交换了**（图 1-1）。

以前，只有很少一部分购置了大量个人电脑的大型企业才会使用计算机网络，而现在绝大多数公司和普通用户都会在日常的工作、生活中使用计算机网络。为了使文章更为简洁，在本书后续内容中，我们会将计算机网络简称为“网络”。

使用网络的目的

其实，交换数据并不是我们使用网络的目的，它只是一种手段而已。我们之所以会使用网络，主要是因为通过使用网络可以得到以下好处（图 1-2）。

- 收集信息。
- 与用户共享文档等信息。
- 实现高效的沟通。
- 处理出差费用申请、结算等业务。

除此之外，我们在日常生活和工作中也会出于各种各样的目的而使用网络。不过对于我们来说，由于使用网络已经是一件非常普通的事情了，因此大家反而可能会忽略它，不会特别地去关注它。但是**只有明确了使用网络的目的，我们才能够理解网络的重要性**。

图1-1 **计算机网络**

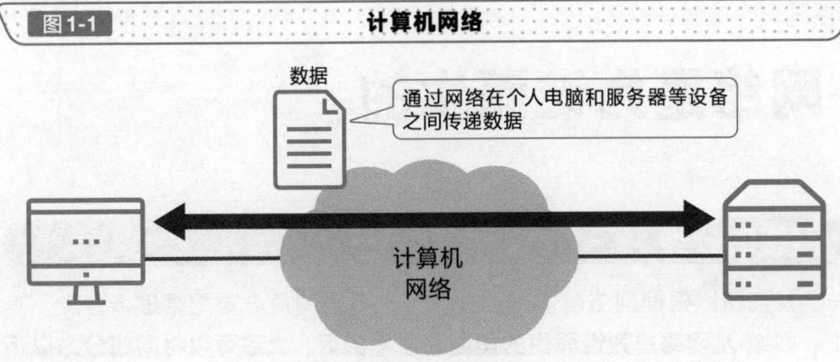

图1-2 **使用网络的目的**

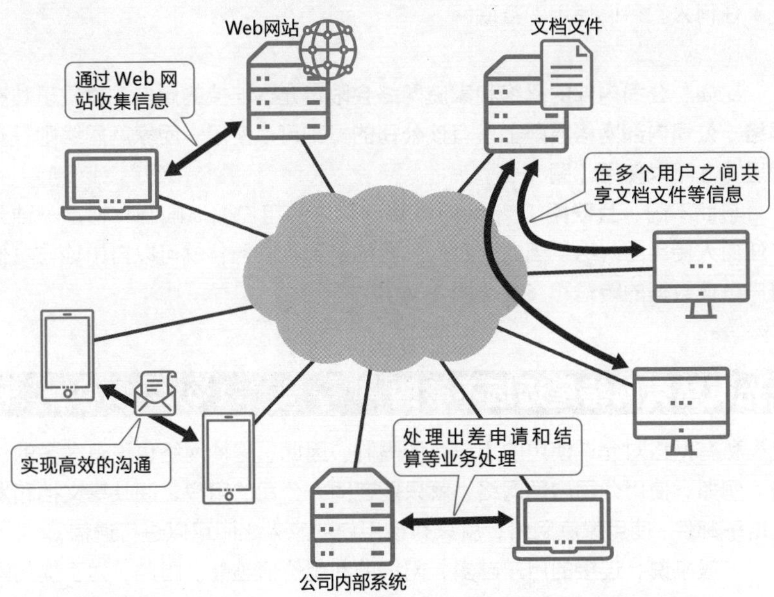

知识点

- 将个人电脑、智能手机、服务器等设备连接到网络就可以传递数据。
- 可以将网络作为达到各种目的手段。例如，提高信息收集效率和高效地进行沟通。

» 网络是为谁而生的

网络的分类

我们可以根据网络所使用的技术，从不同的角度对网络进行分类。其中，如果**从网络是为谁而生的角度来思考的话，大致可以将网络分为以下两种**。

- 只允许特定用户使用的私有网络。
- 任何人都可以使用的互联网。

比如，公司内部的网络和家庭网络会限定允许连接的用户，就属于**私有网络**。公司内部网络原则上只有该公司的员工可以使用，而家庭网络则只有家里人才可以使用（**图 1-3**）。

与此不同，**互联网**则不会对连接到其中的用户加以限制，它是一种允许任何人使用的网络。因此，我们只要连接到互联网，就可以自由地与其他用户进行数据的传输和交换（**图 1-4**）。

光有私有网络是远远不够的

私有网络对允许使用的用户有所限制，因此，这种网络也没有太多的优势。例如，使用公司内部网络，就只能在同一公司的用户之间共享文档和发送电子邮件；使用家庭网络，就只有该用户的家人之间可以进行通信。

一般来说，连接的用户越多，网络的利用价值越高。因此，为了提高网络的利用价值，为用户提供更多的服务，通常都需要将私有网络连接到互联网。

图1-3 私有网络概要

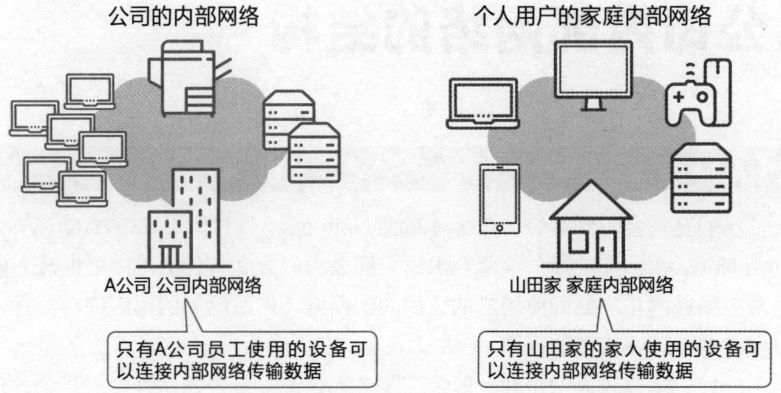

图1-4 互联网概要

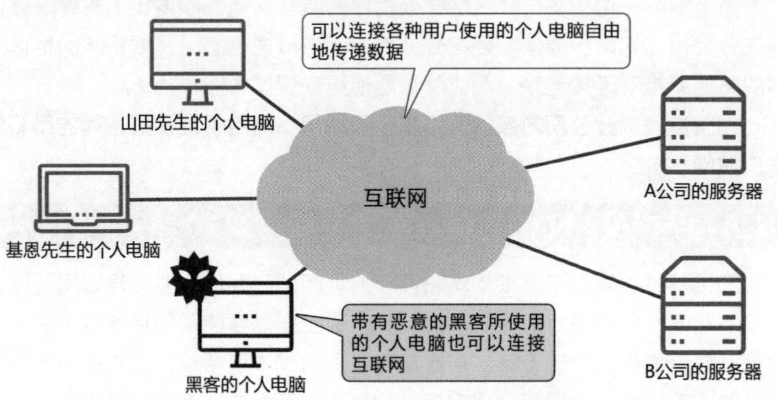

知识点

- 可以根据网络使用者的不同将网络分为私有网络和互联网。
- 私有网络对允许在公司内部或家庭内部使用网络的用户进行了限制。
- 互联网是一种不对允许连接的用户设限的网络。

» 公司内部网络的结构

LAN 与 WAN

我们经常会听到 **LAN**（Local Area Network，局域网）和 **WAN**（Wide Area Network，广域网）这两个术语。那么它们之间有什么不同之处呢？如果从由局域网和广域网所构成的公司内部网络（内联网）的角度来看，就可以很容易地理解二者的区别。

例如，规模较大的企业一般会在多个地区设立分公司。其中的某个分公司的网络使用的是局域网。构建了局域网之后，分公司内部的个人电脑和服务器之间就可以进行通信。此外，个人用户的家庭网络也属于局域网。

为了能够在位于多个地区的分公司之间共享文档和收发电子邮件，就需要在分公司之间进行通信。要在分公司之间进行通信，就需要将不同地区之间的局域网相互连接起来，此时就需要使用广域网（**图 1-5**）。

也就是说，**分公司内部的网络属于局域网，而用于连接局域网的网络就是广域网**。

LAN 与 WAN 的构建、管理及使用成本

局域网是由我们自己来构建和管理的。因此，我们需要为局域网配备各种设备和网线，并进行必要的设置。其中，主要需要使用的是支持有线（以太网）或无线局域网的设备。初期需要考虑的成本包括设备成本和用于设置网络的人工成本。在网络构建完毕后，为了使网络能够保持正常的运行，还需要对网络进行日常的维护管理。虽然局域网不会产生任何通信费用，但是网络管理费用等人工成本还是不可忽视的。

日本的广域网是由 NTT（日本电报电话公司）等电信运营商构建和管理的。电信运营商提供的广域网服务种类繁多，大家可以根据实际需求选择适合自己的广域网服务。与此同时，我们需要向运营商支付服务的初始合同费用和日常通信费用。根据通信量的不同，通信费用的收取方式有按量付费或者收取固定费用等方式（**表 1-1**）。

因此，实现网络通信的关键在于，需要我们自己来构建和管理局域网，并通过购买合适的广域网服务的方式将局域网连接起来。

图1-5 LAN与WAN

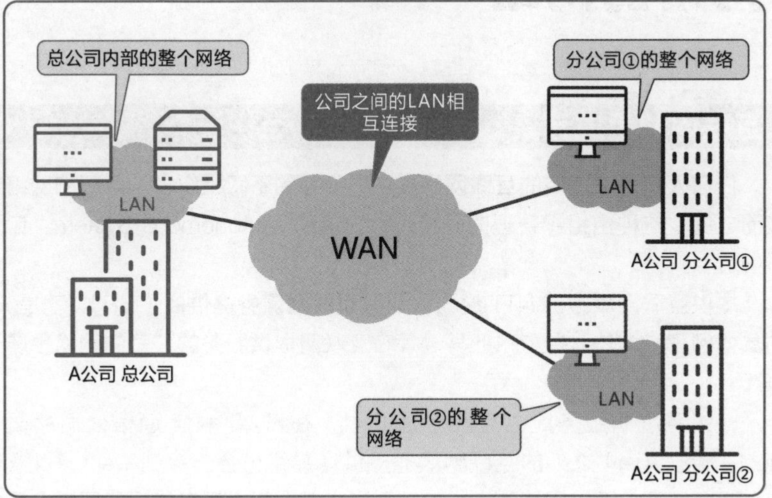

表1-1 LAN与WAN的对比

	LAN	WAN
作用	分公司内部的设备之间相互连接	分公司之间的 LAN 相互连接
构建与管理	自行管理	电信运营商管理
初期成本	设计和构建网络的人工成本、设备成本	签订服务合同的费用
运维成本	管理者的人工成本	通信费用

知识点

- 公司内部网络是由局域网和广域网构成的。
- 由于局域网属于组织内部的网络，因此需要由我们自己进行构建和管理。
- 我们可以使用电信运营商提供的广域网服务来连接不同地点的局域网。

» 网络的网络

互联网的组成元素

任何人都可以使用的**互联网**是由世界各地的不同组织机构管理的网络连接而成的。这种由组织管理的网络被称为 **AS**（Autonomous System，自治系统）。

提供互联网服务的 NTT 通信公司等**互联网服务提供商**（ISP），就是 AS 的具体例子。此外，谷歌和亚马逊等在互联网提供服务的公司的网络也属于 AS。

一级互联网服务提供商被称为 Tier1。在日本，NTT 通信公司就属于 Tier1。除了 Tier1 之外的互联网服务提供商最终也会连接到 Tier1，以获取自身没有管理权限的网络信息。也就是说，**互联网上所有的互联网服务提供商都会通过一级互联网服务提供商进行连接**。

当用户想要使用互联网时，就需要与某个 ISP 签订互联网连接服务的合同。这样一来，我们不仅可以实现与同一 ISP 的用户进行通信，还可以实现与其他 ISP 的用户进行通信（**图 1-6**）。

互联网连接服务概要

与 ISP 签订了互联网连接服务之后，只要将家庭或公司内部网络的路由器连接到 ISP 的路由器（路由器的详细内容请参考第 6 章），就可以使用互联网。也可以不采用路由器连接的方式，而是采用直接将笔记本电脑或智能手机连接到 ISP 的方式来使用互联网。

要与 ISP 的路由器进行连接，就需要使用**表 1-2** 中的固定线路或者移动线路。我们可以根据通信质量和费用来选择具体使用哪种通信线路与 ISP 进行连接更为合适。

图1-6 互联网的结构

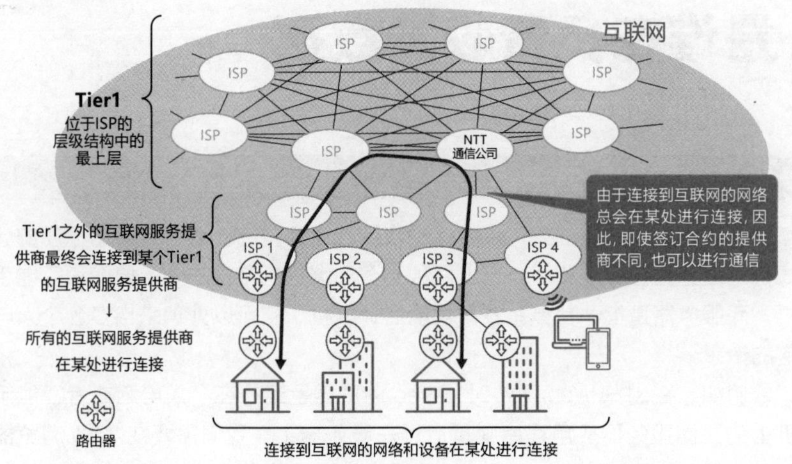

表1-2 固定宽带与移动宽带的种类

固定线路	
电话线路	通信速度有保障，但是成本高
电话线路（ADSL）	可以使用电话线进行低廉的互联网连接
光纤（FTTH）	可以使用光纤进行高速的互联网连接
有线电视线路	可以将有线电视线用于连接互联网

移动线路	
手机网络（4G LTE）	可以通过手机网络进行广域的互联网连接
WiMAX/WiMAX2线路	可以通过 WiMAX 网进行广域的互联网连接
无线局域网（Wi-Fi）	可以在 Wi-Fi 热点附近有限的范围内连接互联网

知识点

- 互联网是由各种不同组织机构的自治系统相互连接而成的。
- 提供互联网连接服务的互联网服务提供商就是一个自治系统的例子。
- 购买互联网连接服务，就可以使用固定线路或移动线路通过连接互联网服务提供商的方式来使用互联网。

» 是谁在负责收发数据

负责收发数据的主体

发送和接收数据的工作主要是由**应用程序**负责的。而运行应用程序的计算机可以分为客户端和服务器这两种。客户端是指常规的个人电脑和智能手机。而服务器是指一台具有较高性能的计算机，它可以处理来自多台个人电脑的请求。

例如，在浏览 Web 网站时，Web 浏览器是运行在个人电脑或者智能手机上的，而服务器应用程序则是运行在服务器上。我们需要在 Web 浏览器和 Web 服务器应用程序之间进行数据的传递才能实现这一通信处理。虽然在应用程序之间收发数据会产生一些前期的通信，但是目前大家只需记住**发送和接收数据的主体是应用程序**这一知识点就可以了。

此外，数据的传递是双向进行的这一点也很重要。大多数应用程序首先会向服务器应用程序发送需要传输文件等**请求**（要求），然后服务器应用程序再将该请求的处理结果作为**回复**（响应）返回。只有当请求和回复的数据进行了正确的发送和接收，才算发挥了应用程序的作用。

这类与服务器进行通信的应用程序被称为**客户端服务器应用程序**（图 1-7）。

P2P 应用

无须使用服务器，直接在客户端之间发送和接收数据的应用程序称为 **P2P 应用程序**（图 1-8）。社交媒体的聊天软件和在线游戏就属于 P2P 应用的例子。但是也存在需要使用服务器来识别通信对象的情况。

图1-7 通信的主体是应用程序

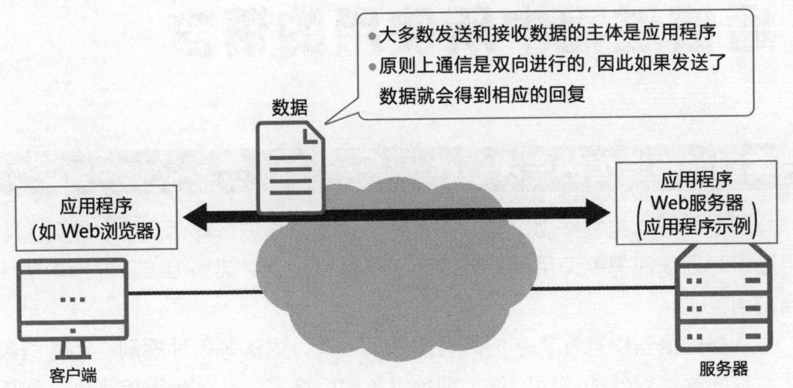

图1-8 P2P 应用

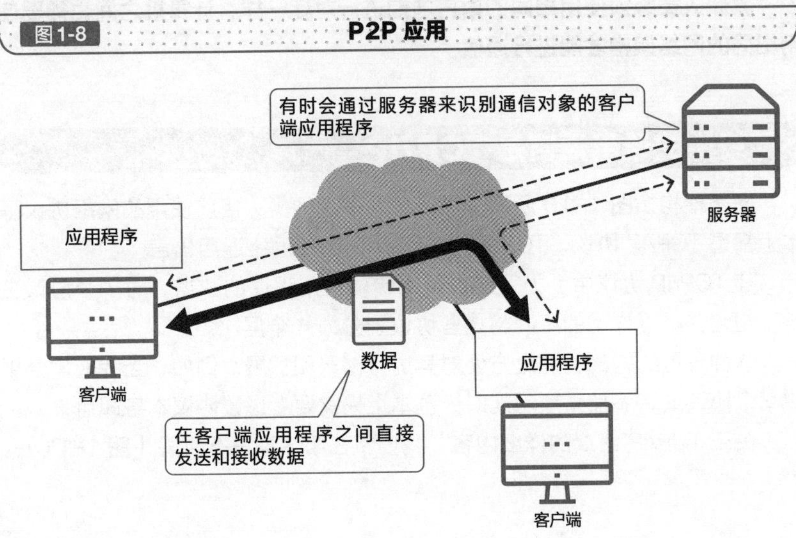

知识点

- 应用程序是发送和接收数据的通信主体。
- 应用程序之间的通信是双向进行的。
- 应用程序按通信方式分为客户端服务器应用程序和 P2P 应用程序。

» 通信过程中所使用的语言

实现网络通信的先决条件

就像我们人类会使用汉语、英语或日语等语言进行对话一样，使用个人电脑进行通信时需要使用**网络架构**。也就是说，网络架构相当于对话中所使用的语言。

人类的语言中存在文字的书写方法、发音、语法等各种规则，而网络架构也存在通信对象的指定方法，即地址、数据格式、通信步骤等规则。我们将通信中的规则称为**协议**，而协议的集合就是网络架构[※1]（**图 1-9**）。

就像人类必须使用相同的语言才能进行对话一样，计算机之间也需要使用相同的网络架构才能进行通信。

网络中的通用语言是 TCP/IP

网络架构如**图 1-10** 所示，可以分为多个种类，目前使用的网络协议基本上都是 TCP/IP 协议。TCP/IP 协议就是所谓的网络通用语言。

在 TCP/IP 协议中，为了通过网络传输应用程序的数据，对多个协议进行了组合并根据作用的不同将这些协议划分为 4 个层次。

这种分层结构的优点是方便对其进行修改和扩展。例如，当我们需要更改某个协议或者添加某项功能时，基本上只需要考虑该协议本身即可。

关于 TCP/IP 协议的详细内容，我们将在第 3 章进行讲解（**图 1-11**）。

※1　网络架构也可称为协议栈、协议套件等。

图1-9 **网络架构**

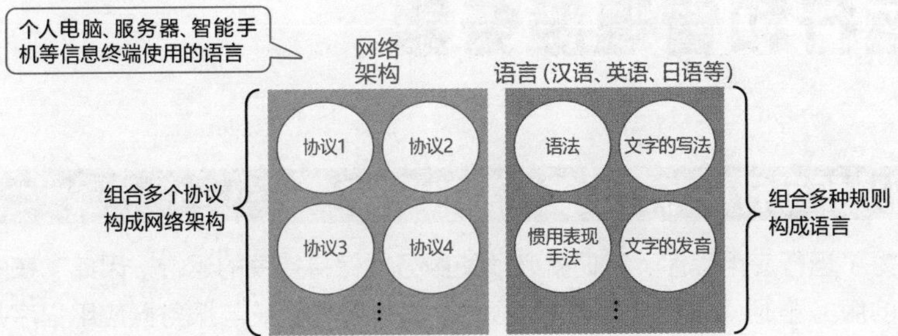

图1-10 **网络架构示例**

TCP/IP | OSI | Microsoft NetBEUI | Novell IPX/SPX | Apple Appletalk | IBM SNA

图1-11 **TCP/IP 协议的层次结构**

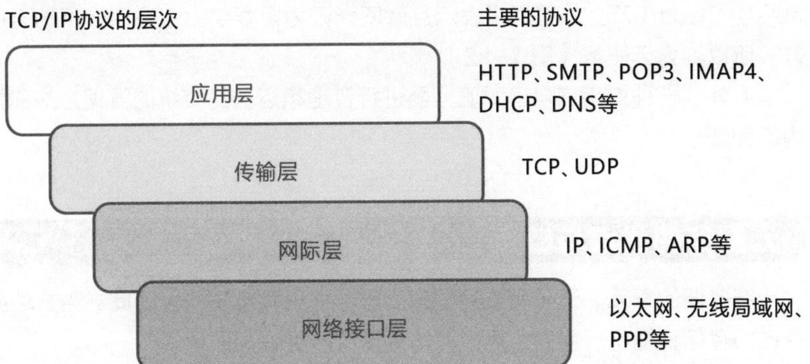

知识点

- 我们将通信的数据格式等规则称为协议。
- 计算机是使用由多个协议组合而成的网络架构进行网络通信的。
- 目前使用 TCP/IP 协议作为主要的网络架构。

运行和管理服务器

管理和运行服务器是很辛苦的事情

为了运行应用程序，我们就必须使**服务器**保持持续的运行。因此，在配置新的服务器时，需要选择合适的硬件，安装操作系统与服务器应用程序并对它们进行测试。如果是用于处理重要数据的服务器，还需要**时刻监视服务器的使用状态，当发现问题时及时进行处理**。同时，应该经常对数据进行备份处理。此外，还需要根据需求扩展服务器的处理能力。安全对策也同样重要。由此可见，服务器的运营和管理需要花费不少时间和成本。

将服务器放到互联网的另一边（云端）

云服务不需要自行管理服务器，只要能连接互联网 ※1 就可以使用服务器的功能。由于使用互联网感觉就像是在使用云对面的服务器一样，因此通常会用 Cloud（云）的图形来表示互联网。因为需要经由互联网使用这类服务，所以称为云服务（**图 1-12**）。

此外，一种由用户自己对服务器进行管理和运行的传统的管理方法称为**内部部署**。

云服务的优点与缺点

服务器的导入、运行和管理是由云服务提供商负责的。因此，当文件服务器的存储容量不够用时，用户只需要更改服务合同即可。

虽然云服务使用非常方便，但是还是需要注意安全性和可用性方面的问题。因为可能会出现数据被保存到用户无法管控的地方以及无法继续使用该服务等情形。

※1　也存在不是使用互联网，而是使用私有网络的云服务。

图1-12 云服务概要

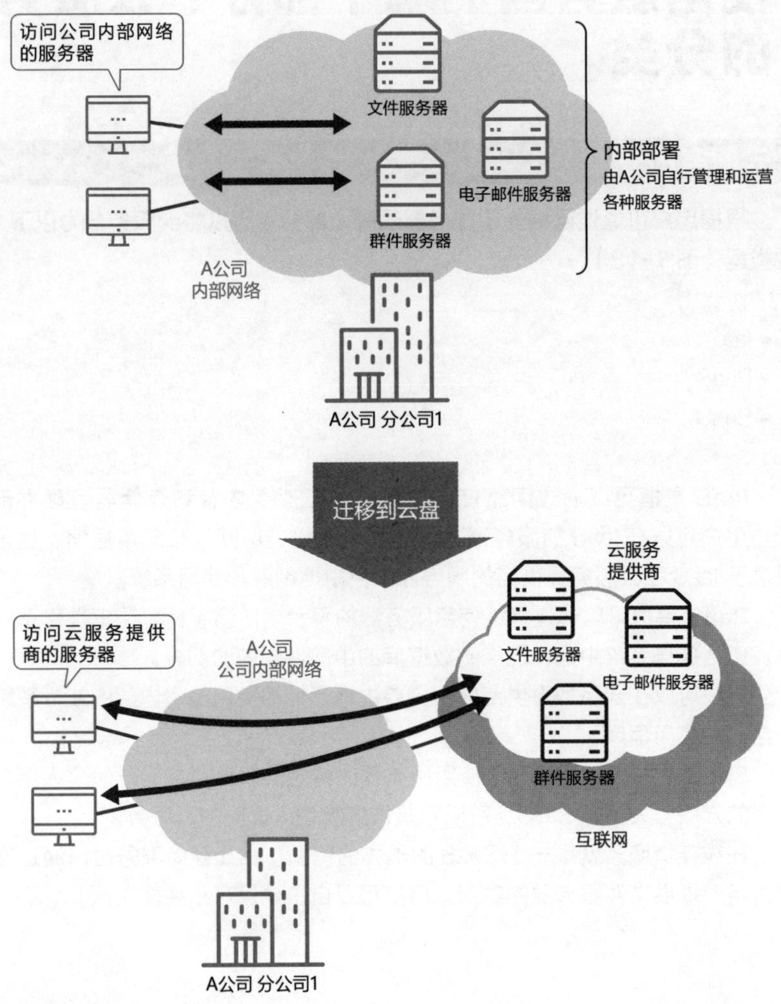

知识点

- 需要经由互联网才能使用云服务的服务器功能。
- 云服务是由提供商负责对服务器进行导入、运行和管理的。
- 使用云服务需要注意安全性和可用性的问题。

» 使用服务器的哪个部分？云服务的分类

云服务的分类

根据用户可通过网络使用服务器的哪个部分，可以将云服务分为以下 3 种类型（图 1-13）。

- IaaS。
- PaaS。
- SaaS。

IaaS 是指可以通过网络使用服务器的 CPU、内存和存储器等硬件部分。用户可以在 IaaS 的服务器上安装操作系统、中间件和应用程序，也可以基于 IaaS 在云服务提供商的服务器上自由地创建和使用系统。

PaaS 是指可以通过网络使用服务器的平台。所谓平台，是指操作系统以及包括操作系统中运行的控制数据库的中间件在内的部分。

用户可以在云服务提供商的平台自由地添加和使用公司内部的业务系统等自己的应用程序。

SaaS 是指可以通过网络使用服务器的特定的软件功能。一般个人用户使用的云服务大多是 SaaS，所以它是最容易让人理解的云服务。

在线存储服务就是一个 SaaS 的具体的例子。在线存储服务可以通过网络为用户提供文件服务器的功能。用户可以自由地保存和共享文件。

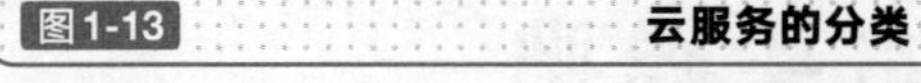

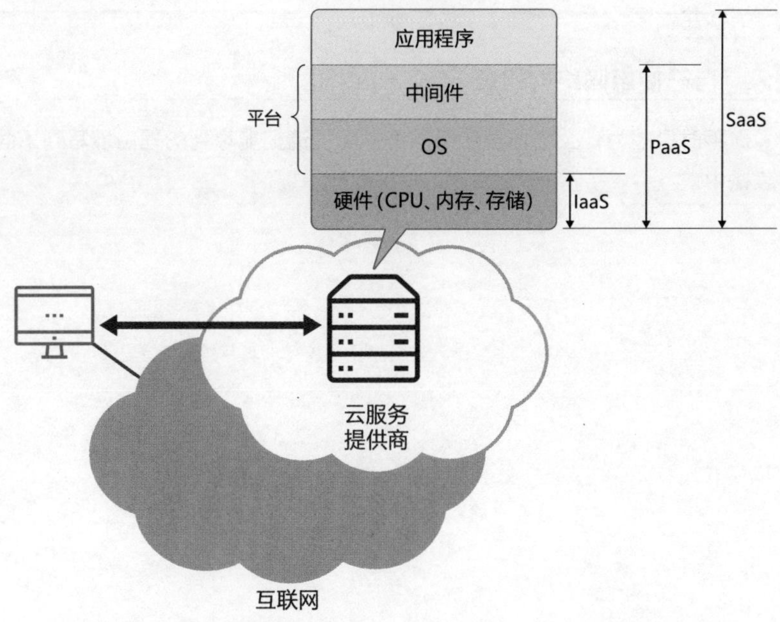

云服务的分类	可以提供服务器的部分
IaaS（Infrastructure as a Service）	仅提供 CPU、内存、存储等硬件部分
PaaS（Platform as a Service）	除了提供硬件之外，还提供操作系统 / 中间件的平台部分
SaaS（Software as a Service）	提供从硬件到应用程序的部分

※IaaS 也可称为 HaaS（Hardware as a Service）。

知识点

✐根据用户可通过网络使用服务器的哪个部分，可以将云服务分为以下 3 种类型。

- IaaS 硬件。
- PaaS 平台。
- SaaS 应用程序。

开始实践吧

请思考自己使用网络的初衷

你平时是因为什么而需要使用网络的呢？请把能想到的理由填写到下面的表格中。

参考示例

- **在购物网站上购物。**
- **在网上银行转账。**
- **在证券公司的在线交易系统买卖股票。**
- **在社交媒体与亲朋好友聊天。**
- **下载和阅读电子书籍。**
- **在视频网站观看视频。**
- **通过流媒体收听喜爱的艺术家的音乐。**

其实，我们使用个人电脑和智能手机做的事情几乎都是需要通过网络才能够实现的。也就是说，如果不使用网络，那么上述事情都没有办法做到。可见，网络对我们来说是多么的重要。

第2章

网络的构成元素——网络是如何构建起来的

》不同网络的规模差别很大

网络通常如何表示

网络是通过使用缆线将各种网络设备、个人电脑和服务器等设备连接的方式构建而成的。在下一小节中，我们将对这些构建网络的设备进行讲解。在第 1 章中已经讲解过，为了简化对网络的文字描述，通常会使用**云（Cloud）的图标**来表示网络（**图 2-1**）。

虽然都叫网络，但是规模千差万别

不过需要注意的是，即便使用的是相同的云图标，**根据上下文的内容不同，云图标所表示的网络规模也是千差万别的**。

例如，如果是家庭内部的网络，通常会连接个人电脑、智能手机、家用电器等设备。一个云图标就可能会用于表示这样一个小型的家庭网络。

此外，如果是公司内部的网络，那么大多数情况下就会按照部门对网络进行划分。一个云图标可能表示由部门内部几十台电脑连接而成的网络，也可能表示将各部门的网络集中起来管理的公司内部的整个网络。在这种情况下，连接到网络的电脑和服务器等设备会有成百上千台。

另外，互联网也是一个由全球各种组织机构的网络相互连接而成的巨大的网络。因此，一个云图标也可以表示整个互联网。连接整个互联网的设备多达数十亿台（**图 2-2**）。

图2-1 使用云图标表示网络

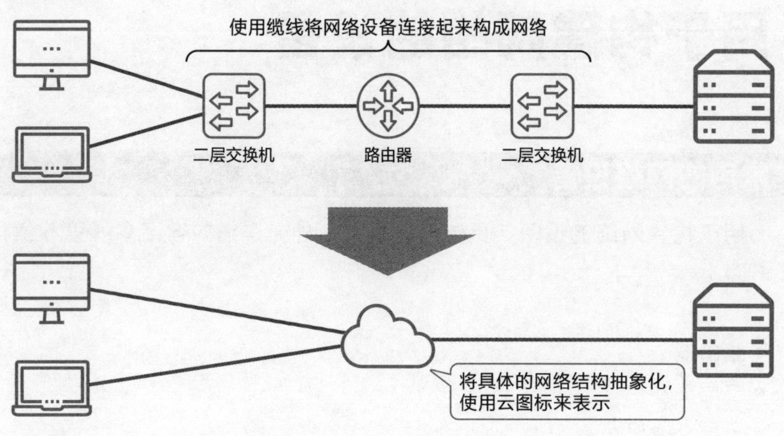

图2-2 云图标可表示的网络规模千差万别

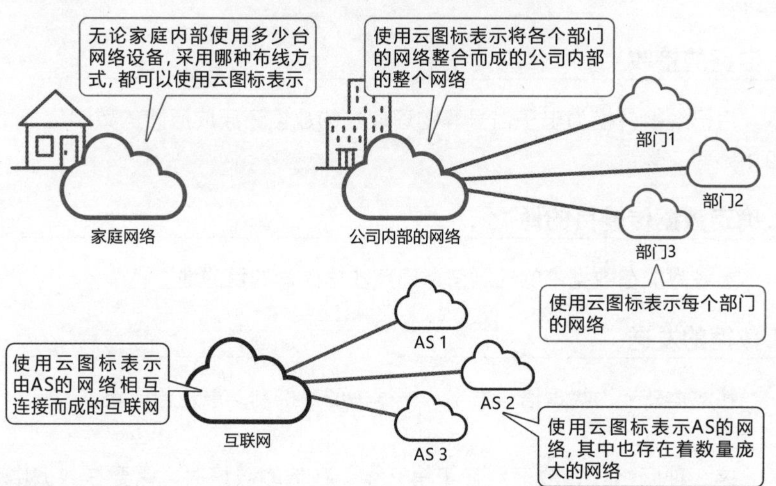

知识点

- 可以将网络的具体结构抽象化，使用云图标来表示网络。
- 云图标所表示的网络的规模是视上下文环境而定的。

用于构建网络的设备

常用的网络设备

用于构建网络的设备，具体包括下列 3 种（详细内容请参考第 5 章和第 6 章）。

- 路由器。
- 二层交换机。
- 三层交换机。

上述网络设备都可以用于传输数据。数据的传输处理主要分为下列 3 个步骤。

1. 数据的接收

将已经被转换为电子信号等物理信号的数据还原成原始的数字信号（0 和 1）。

2. 确定数据传输目的地

参考附加在数据中的控制信息确定数据传输的目的地。

3. 数据的发送

将数据转换为物理信号发出。根据需要对控制信息进行更新。

这 3 种网络设备的区别在于第 2 步。在传输数据时，需要在数据中附加各种控制信息。因此，根据不同网络设备的运行机制，应当参考哪些控制信息来确定数据的传输目的地是非常关键的（**图 2-3**）。关于这些网络设备的详细运行机制，我们将在第 6 章进行讲解。

图2-3 常用的网络设备器

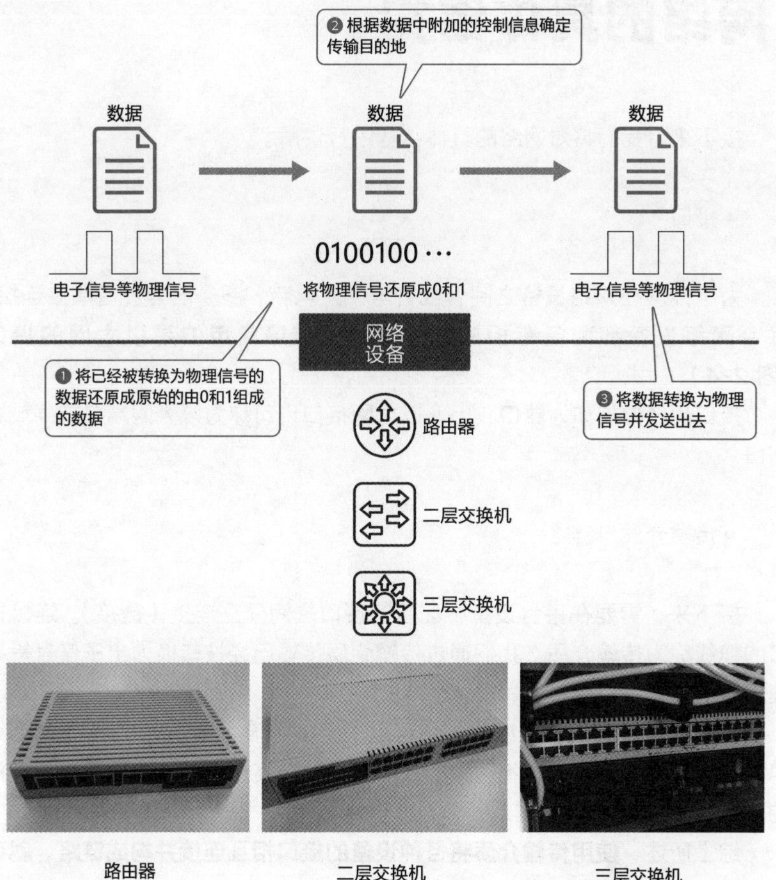

知识点

- 常用的网络设备有路由器、二层交换机、三层交换机三种。
- 数据传输处理的步骤如下：

  （1）数据的接收。

  （2）确定数据传输目的地。

  （3）数据的发送。

» 网络的具体结构

接下来，我们将对网络的具体结构进行讲解。

● 接口

为了能够在网络设备之间，或者与个人电脑、服务器等设备建立连接，每台网络设备都配备有相应的**接口**。**目前最常用的是以太网的接口**（图 2-4）。

接口也经常被称为**端口**，因此以太网接口也可称为以太网端口或局域网端口。

● 传输介质与链路

接下来，需要在每台设备中配备的接口之间建立连接（**链接**）。连接接口的缆线称为**传输介质**。我们通过传输介质传输已经被转换为电子信号等物理信号的数据。

传输介质不仅是有线缆线，也可以是无线电波。例如，Wi-Fi 就是无线电波，其接口和链路都是不可见的，但是也存在支持无线设备之间进行连接的无线链路。

综上所述，**使用传输介质将各种设备的接口相互连接并构成链路，就可以创建一个网络**（图 2-5）。

接口究竟是指什么

接口意味着“界面”，网络的接口就是指 0 和 1 的数字数据与电子信号等物理信号之间的界面。由个人电脑、智能手机和网络设备所处理的 **0 和 1 的数字数据，需要被转换成电子信号等物理信号之后再从接口发出，然后被传递到物理链路上**（图 2-6）。

图2-4 以太网接口示例

图2-5 具体的网络结构示例

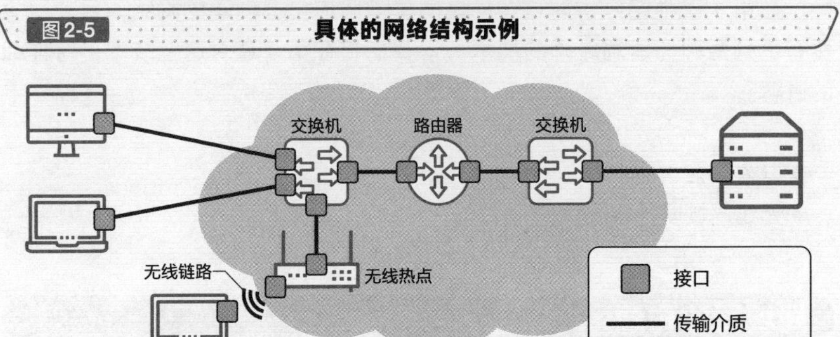

图2-6 接口的界面

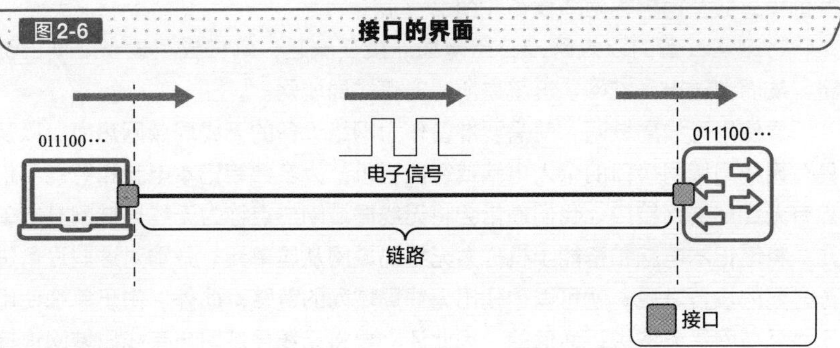

知识点

- ✎个人电脑、服务器和网络设备中都配备了用于连接网络的接口。
- ✎通过使用传输介质（缆线等）将接口连接到一起，形成链路，从而形成网络。
- ✎接口是由 0 和 1 组成的数字数据与物理信号之间的界面。

» 组成网络

主流的局域网技术

我们对公司内部网络和个人用户的家庭内部网络等局域网已经非常熟悉。在第 1 章中已经讲解过，局域网是指用户自己创建的网络。目前，主要有下列两种构建局域网的技术 ※1。我们将在第 5 章对这些技术进行详细的讲解。

- 以太网。
- 无线局域网（Wi-Fi）。

局域网的构建

用户在自己构建局域网时，需要准备具有以太网接口的路由器、二层交换机和三层交换机等网络设备（**图 2-7**）。

将这些设备的以太网接口用网线连接在一起，就构成了设备之间的链路，从而创建出局域网。这就是所谓的有线局域网。

要使用无线局域网，就需要准备作为网络设备的无线局域网热点，以及具有无线局域网接口的个人电脑或智能手机。大多数笔记本电脑和智能手机都有无线局域网接口。我们通常会将无线局域网热点称为无线局域网基本单元，将笔记本电脑和智能手机称为无线局域网从属单元。分别对这些设备进行必要的设置之后，就可以创建出无线局域网的链路。此外，由于单独使用无线局域网是无法进行通信的，因此还需要将无线局域网与有线局域网连接起来。

家庭网络和公司网络都是通过上述方式构建局域网的，只是网络规模不同而已（**图 2-8**）。

※1 除了以太网之外，以前比较常用的还有令牌环和 FDDI，不过现在几乎没有人使用令牌环和 FDDI 了。

图2-7 构建家庭内部网络

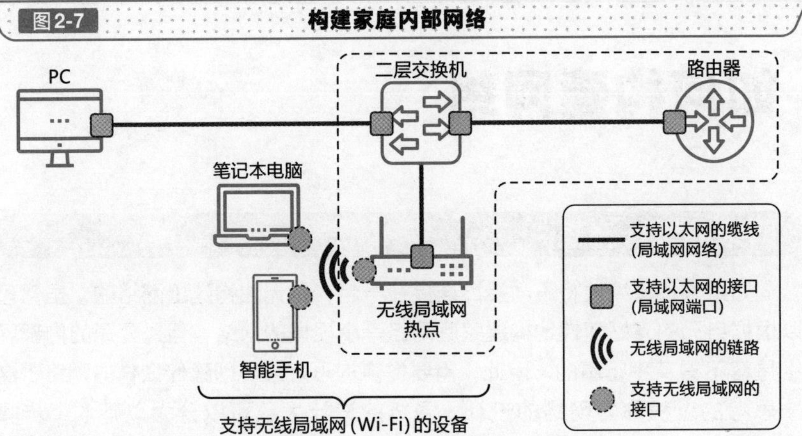

※ 家庭内部设备通常会将路由器、二层交换机、无线局域网热点内置在一台设备中。

图2-8 构建公司内部网络

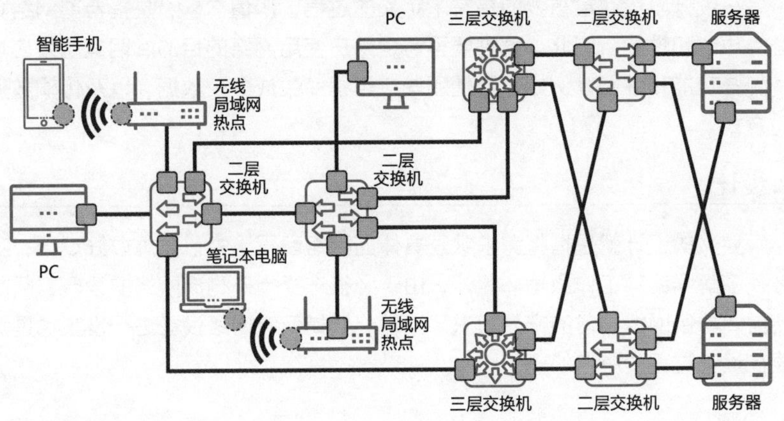

知识点

- 根据构建局域网的主流技术主要包括以下两种：
  - 以太网。
  - 无线局域网（Wi-Fi）。
- 将具有以太网接口的设备连接起来，就可以构建出局域网。
- 在具有无线局域网接口的设备之间构建无线局域网的链接。

» 如何构建网络

网络的设计流程

如果只是单纯地将不同接口连接在一起，是无法构建出网络的。虽然可以根据自己的喜好随性地构建家庭网络等小规模的网络，但是公司的内部网络是容不得草率行事的。因此，需要提前构思好想要创建什么样的网络，这一思考的过程称为**网络的设计**。网络的设计大致可以分为以下 4 个步骤（图 2-9）。

1. 需求定义

在设计阶段，最重要的是需求定义的过程。所谓需求，是指希望网络具备的功能和性能。因此，就需要弄清楚用户使用网络的目的，明确网络应具备哪些功能和性能。例如，希望哪些应用程序生成多少数据，以及传输数据的方式。

2. 设计

狭义的设计就是指将需求融入具体的网络配置当中。要想做好设计，就必须了解网络的工作原理。此外，由于必须选择用于构成网络的设备，因此还需要具备网络设备的产品知识。当然，要如何对网络设备进行设置也是需要在设计过程中决定的。

3. 构建

接下来，就需要根据在设计阶段确定的网络结构来配置网络设备、完成布线和参数设置。然后，确认设备是否能够正常运行。

4. 运行管理

构建好网络之后，为了维持网络的正常运行，每天都需要对网络设备的运行状态进行检查。当出现问题时，则需要找出原因并进行修复，以确保网络能够正常工作。

图2-9 网络的设计流程

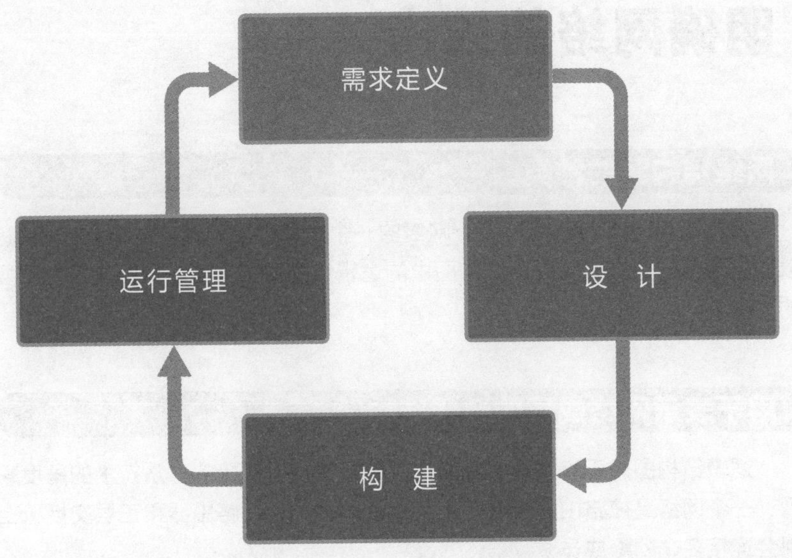

流 程	概 要
需求定义	明确网络所需具备的功能和性能
设计	确定具体的网络结构以满足需求定义中的要求
构建	根据设计的网络，配置设备、完成布线和进行必要的设置
运行管理	检查网络是否能够正常运行。当出现问题时找出原因并进行修复

知识点

网络设计的主要步骤如下：

（1）需求定义。

（2）设计。

（3）构建。

（4）运行管理。

» 明确网络的结构

网络结构图的种类

事先明确网络的结构是设计网络的一个大前提。因此，在设计的阶段，以通俗易懂的方式总结网络结构图中的逻辑结构图和物理结构图是极为重要的一步。

用于表示网络成员的逻辑结构图

逻辑结构图用于表示网络成员之间是如何进行连接的。从技术的角度来看，一个网络是被路由器或者三层交换机隔开的，而路由器和三层交换机上则会连接多个网络成员。

逻辑结构图的关键在于要能够清楚地总结出是使用哪个路由器或三层交换机连接多个网络成员的（**图 2-10**）。

表示设备的配置和布线的物理结构图

物理结构图显示了每台设备的物理配置情况，以及每台设备的接口是如何进行连接的。

物理结构图的关键在于，要能够清楚地说明每台设备的每个接口是用哪种缆线进行布线的（**图 2-11**）。

物理结构图与逻辑结构图的对应

一个物理结构图对应的逻辑结构图不一定只有一个。根据网络设备的设置不同，可能会存在多个逻辑结构图对应同一个物理结构图的情况。

因此，我们需要以通俗易懂的方式表示出网络设备中设置的逻辑结构图和物理结构图的对应关系。

图2-10 **逻辑结构图示例**

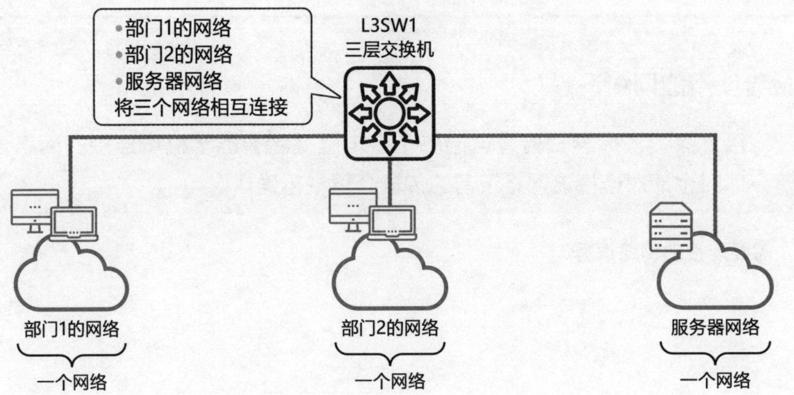

图2-11 **物理结构图示例**

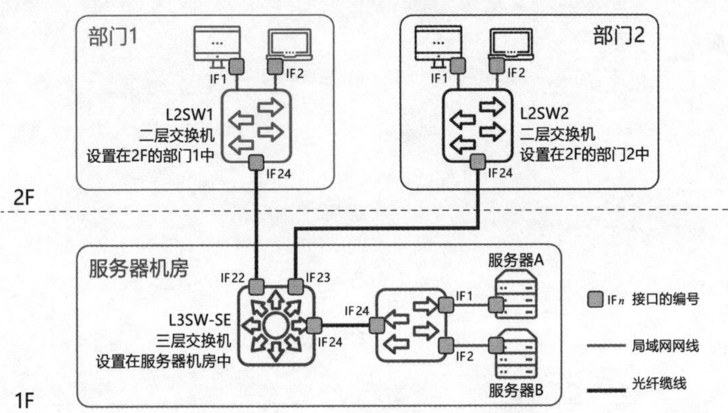

知识点

✎正确地理解网络结构，对于运行和管理网络来说至关重要。

✎网络结构图包括以下两种：

- 逻辑结构图。
- 物理结构图。

开始实践吧

检查使用的网络设置

接下来，请你尝试检查自己的个人电脑或者智能手机所连接的网络设备。同时也请对连接该网络设备的传输介质进行确认。

需要连接的网络设备
传输介质

需要连接的网络设备 / 传输介质示例

有线局域网	
需要连接的网络设备	二层交换机
传输介质	局域网缆线（UTP 缆线）

无线局域网	
需要连接的网络设备	无线局域网热点或者具备无线局域网热点功能的宽带路由器
传输介质	无线电波（2.4GHz 频段或 5GHz 频段）

第3章

网络间的通用语言TCP/IP——网络中的通用规则

》各种网络之间的通用语言

个人电脑、智能手机、服务器都使用 TCP/IP

第 1 章中已经进行了简要的说明，个人电脑和智能手机通信时的规则称为协议，将多种协议组合起来就是网络架构。网络架构就相当于人类使用的语言。

以前，除了 TCP/IP 之外，人们还会使用其他种类的网络架构，不过**现在基本上都使用 TCP/IP**。TCP/IP 是指以 TCP 和 IP 为核心的协议的集合，是现如今网络的通用语言。个人电脑和智能手机的操作系统中都预先提供了对 TCP/IP 的支持，使用起来非常方便。此外，我们将使用 TCP/IP 进行通信的个人电脑、智能手机和各种网络设备统称为**主机**。

TCP/IP 的分层结构模型

在 TCP/IP 中，是通过将网络分层结构中的多个协议组合使用的方式实现使用网络进行通信的功能的。TCP/IP 的分层结构从下到上依次为网络接口层、网际层、传输层和应用层 ※1。

图 3-1 中列出了各层中具有代表性的协议。只有四层协议中的每一层都正常运行时，才能够实现通信。此外，要让其中的某个分层正常运行的话，必须首先确保位于其下方的分层能够正常运行。如果是访问 Web 的场合，那么要实现这一处理就需要使用**图 3-2** 中的协议组合。

※1 虽然 TCP/IP 是四层结构，但是也有七层结构的 OSI 参考模型。由于基于七层结构的 OSI 参考模型的网络架构在实际中并没有被使用，因此在本书中不会对其进行详细的讲解。

图3-1 **TCP/IP 的分层结构**

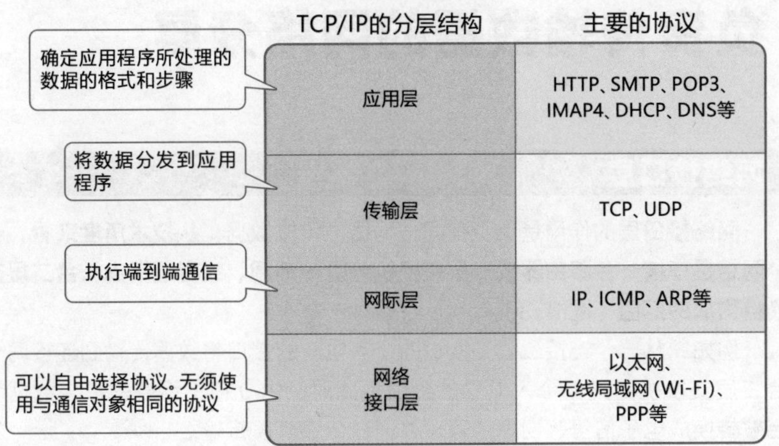

图3-2 **Web 访问的协议组合**

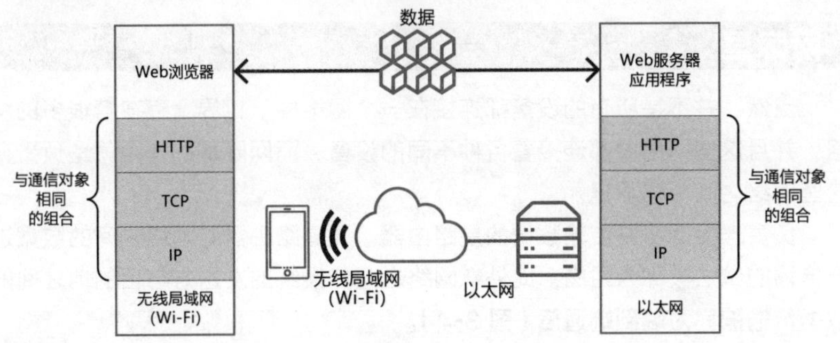

知识点

- TCP/IP 是由下列 4 个网络层构成的：
  - 网络接口层。
  - 网际层。
  - 传输层。
  - 应用层。
- 需要将各个网络层中的协议组合使用，才能实现应用程序的通信。

» 负责传输数据的网络分层

网络接口层

网络接口层的作用是负责在同一网络中传输数据。**从技术角度来看，一个网络是指被一台路由器或三层交换机分隔的范围，或者是指由一台二层交换机构成的范围（图 3-3）**。

例如，从一个连接二层交换机的个人电脑的接口将数据传输到连接同一台二层交换机的其他个人电脑的接口。此时，由 0 和 1 组成的数字数据就会被转换成电子信号等物理信号，并通过传输介质传输。

网络接口层的具体协议包括有线局域网（以太网）、无线局域网（Wi-Fi）和 PPP 等。此外，网络接口层无须使用与通信对象相同的协议。

网际层

当然，并不是所有的设备都连接在一个网络中。世界上存在着很多的网络，并且这些网络中都连接着各种不同的设备，而**网际层**的作用就是负责在这些网络之间传输数据。

负责连接网络并传输数据的是路由器。通过路由器对网络之间的数据进行传输的做法被称为路由。此外，网络之间的最终的发送方与目的地之间的数据传输被称为**端到端通信（图 3-4）**。

网际层中的具体协议包括 IP、ICMP 和 ARP 等。此外，端到端通信使用的协议是 IP，ICMP 和 ARP 则是 IP 的辅助协议。

图3-3 网络接口层的概要

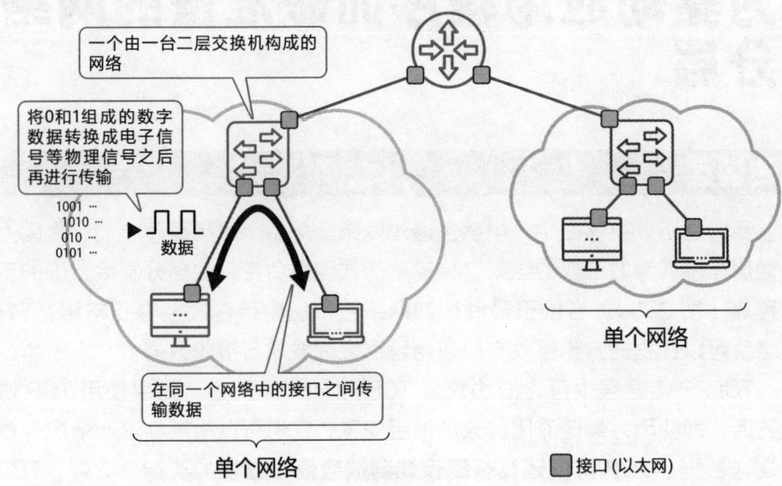

图3-4 端到端通信

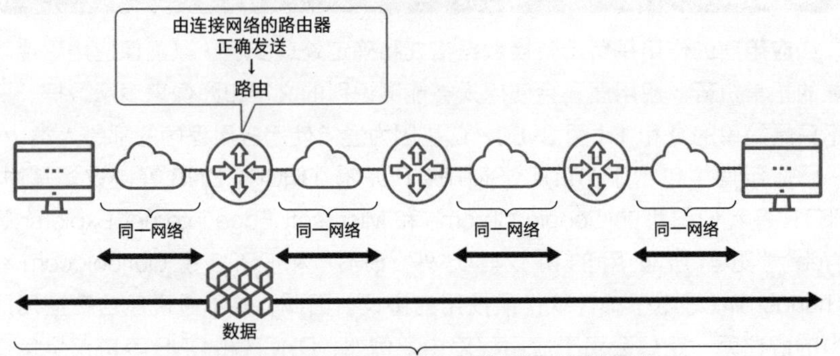

知识点

- 网络接口层的作用是在同一个网络内部的接口之间传输数据。
- 网际层的作用是在不同的网络之间传输数据。

» 为驱动应用程序而做准备的网络分层

传输层

我们之所以能够在个人电脑上通过网络使用多个应用程序，完全是因为**传输层**在幕后努力工作的结果。传输层的作用是负责将数据分发给正确的应用程序（**图 3-5**）。当位于最底层的网络接口层到传输层能够正常运行时，网络就可以在发送方和接收方的应用程序之间发送与接收数据。

TCP/IP 传输层中包含的协议是 TCP 和 UDP。例如，如果使用 TCP 协议的话，即使因为某些原因导致数据丢失了，它也可以检测到这一情况并重新发送数据。**TCP 协议还具有确保端到端通信可靠性的功能**。此外，TCP 协议还可以对数据进行分割和组装。

应用层

应用层的作用是负责转换数据格式和确定处理步骤，以确保应用程序功能的正常执行。应用层还会使用人类能够识别的文字和图像来表示数据，而不只是简单的 0 和 1（**图 3-6**）。这是因为通常使用应用程序的都是人类。

应用层中包含了 HTTP、SMTP、POP3、DHCP、DNS 等协议。其中，HTTP 是我们熟悉的 Google Chrome 和 Microsoft Edge/Internet Explorer 等 Web 浏览器所使用的协议。此外，SMTP 和 POP3 是 Outlook.com 和 Thunderbird 等电子邮件软件所使用的协议。因此，并不是说包含在应用层中的协议就一定只会用于应用程序中。例如，DHCP 和 DNS 等协议是负责为应用程序的通信做准备工作的协议。

图3-5 传输层的概要

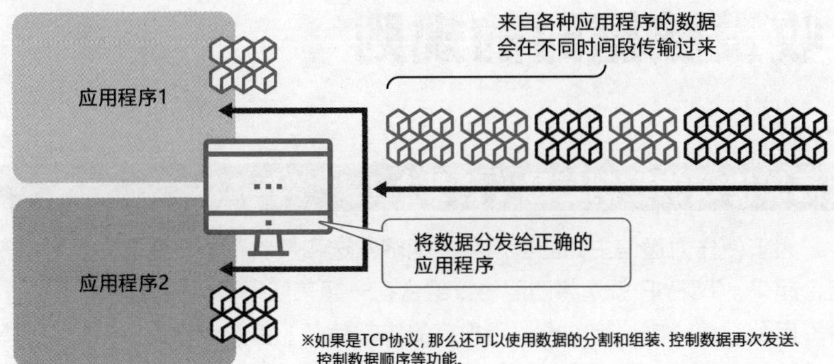

图3-6 应用层的概要

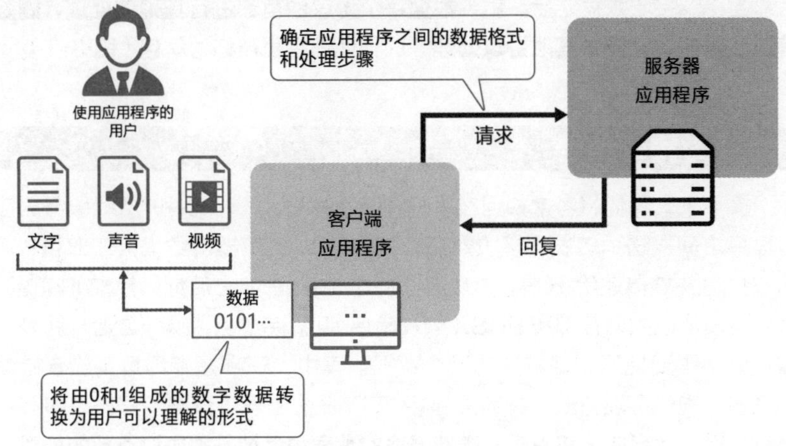

知识点

- 传输层的作用是将数据分发给正确的应用程序。
- 应用层的作用是确定应用程序处理的数据的格式和处理步骤。

» 收发数据时的规则

添加协议的控制信息（首部）

为了使作为通信主体的应用程序能够发送和接收数据，需要将多种协议组合起来。TCP/IP 就是将四层协议组合在一起来实现数据传输的。

因此，每个协议都需要使用相应的控制信息（**首部也称为头**）来实现每一种功能。例如，如果是用于传输数据的协议，就需要在首部指定目的地和发送方的地址。每个协议在发送数据时都需要添加首部。我们将为通信数据添加首部的过程称为**数据打包**。这一处理就相当于使用首部将数据包装起来。

当协议接收数据之后，就会**根据每个协议的首部进行正确的处理，删除首部后再将数据交给其他协议处理**。这一处理过程被称为**解包**（**图 3-7**）。

转换为物理信号

接下来，我们将考虑如何在客户端 PC 的 Web 浏览器和 Web 服务器应用程序之间发送、转发和接收数据。首先 Web 浏览器的数据会在 HTTP 首部被打包并被传递给 TCP。然后在添加了 TCP 首部之后继续添加 IP 首部。最后再添加以太网首部和 **FCS**（帧校验序列）。完成上述操作之后，就表示准备好了需要使用网络发送的整个数据。其中，FCS 是专门负责检查错误信息的。通过上述方式，按照顺序将 TCP/IP 的上层协议到下层协议的首部打包之后，就完成了**在需要发送到网络的数据中添加各种协议首部的处理**。

然后根据所使用的以太网标准将经过上述处理的数据转换为物理信号，再将其发送给传输介质（**图 3-8**）。

图3-7 数据打包和解包

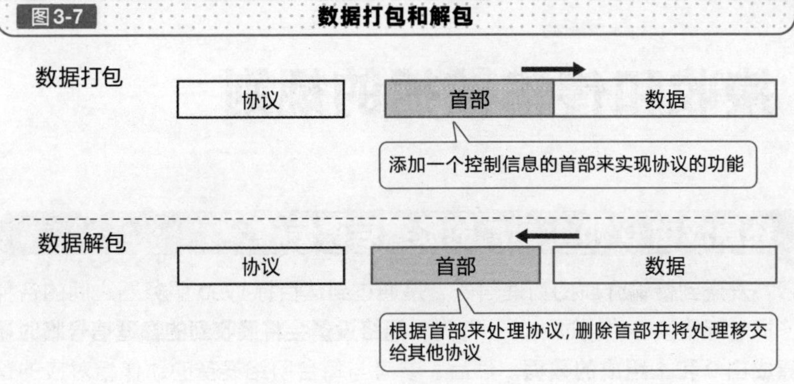

图3-8 从 Web 浏览器发送数据

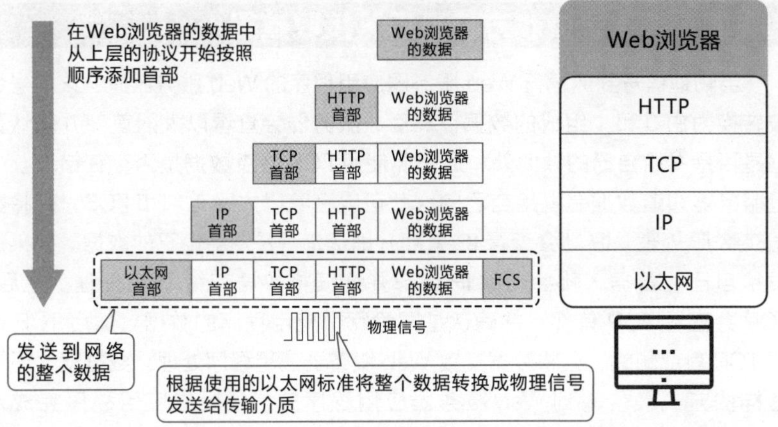

知识点

- 用于执行各种协议的处理的控制信息称为首部。
- 在数据中添加首部的过程称为打包。
- 协议根据数据中添加的首部进行相应的处理之后，删除首部并将数据交给其他协议进行处理的过程称为解包。
- 数据的发送方需要根据 TCP/IP 的网络层从上到下为每个协议添加首部。

» 接收和传输数据的规则

还原成由 0 和 1 组成的数据后再传输

发送到传输介质的物理信号，是通过到达目标 Web 服务器之间的各种各样的网络设备传输过去的。首先，**网络设备会将接收到的物理信号临时还原成由 0 和 1 组成的数据**。然后，参考与每台网络设备的动作相对应的首部对数据进行传输（**图 3-9**）。关于每种网络设备的数据传输机制，将在第 5 章和第 6 章进行详细的讲解。

根据首部确认接收方信息后再接收数据

当物理信号到达运行 Web 服务器应用程序的 Web 服务器时，该信号会被转换为由 0 和 1 组成的数据。然后，服务器会查看以太网首部并确认数据是否是发给自己的。此外，还需要使用 FCS 检查数据是否存在错误。一旦服务器知道数据是发给自己的，就可以删除以太网首部和 FCS，并将数据交给 IP 处理。IP 则会查看 **IP 首部**并确认是否是发给自己的数据。如果是发给自己的数据，就会删除 IP 首部并继续将数据交给 TCP 处理。之后，TCP 会查看 **TCP 首部**，并确认是发给哪个应用程序的数据。然后 TCP 会将 TCP 首部删除，再将数据交给 Web 服务器应用程序处理。数据就是通过这样的方式被传输到 Web 服务器应用程序的，然后由应用程序完成对 **HTTP 首部**和之后的数据部分的处理（**图 3-10**）。

发送方和接收方并不是固定的。**在完成上述处理之后，Web 服务器应用程序就会变成数据的发送方，而 Web 浏览器则会变成数据的接收方**。注意，原则上通信是双向进行的。

图3-9 数据的传输

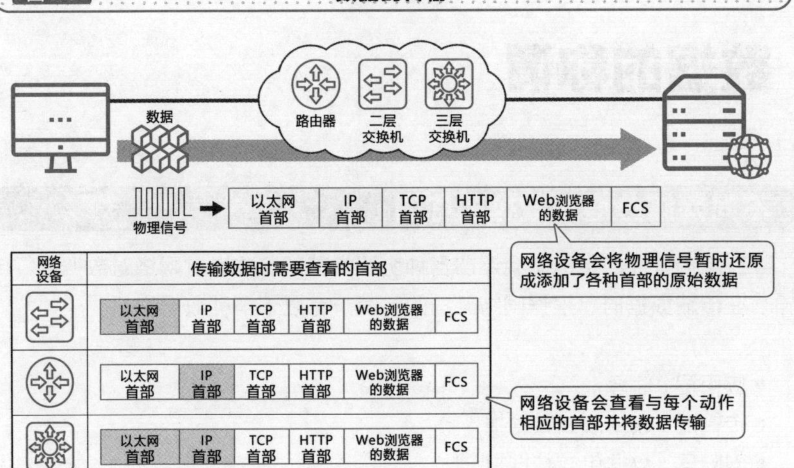

图3-10 Web服务器应用程序接收数据

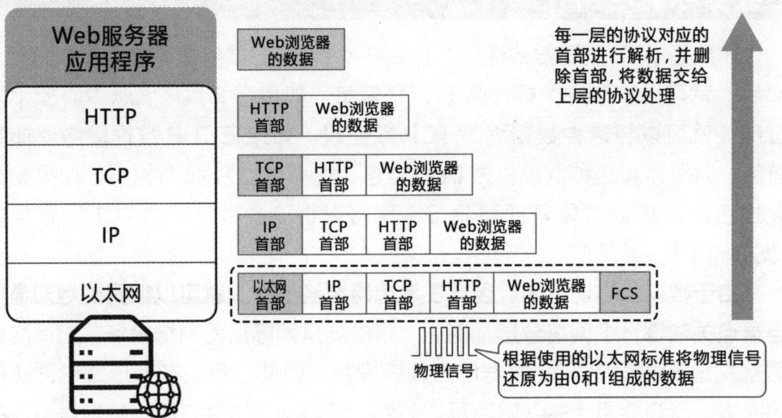

知识点

- 网络设备需要将物理信号转换为由 0 和 1 组成的数据，并根据每个动作对应的首部来传输数据。
- 数据的接收方需要根据 TCP/IP 的网络层自下而上地查看首部并执行协议的处理。

» 数据的称谓

不同网络分层对数据的称谓

在应用程序的数据中会添加各种协议的首部，并通过网络对数据进行传输。在传输数据时，根据网络架构的不同，有以下多种数据称谓。

- 应用层：信息。
- 传输层：数据段或数据报 ※1。
- 网际层：数据包或数据报 ※2。
- 网络接口层：数据帧。

数据称谓示例

如果是 Web 浏览器的通信，那么在 Web 浏览器的数据中添加 HTTP 首部后，就可以将这种数据称为 **HTTP 信息**。如果在 HTTP 信息中添加 TCP 首部，就可以将这种数据称为 **TCP 数据段**。如果在 TCP 数据段中添加 IP 首部，就可以将这种数据称为 **IP 数据包**，也可以称为 IP 数据报。如果在 IP 数据包中添加以太网首部和 FCS，就可以将这种数据称为以太网数据帧（**图 3-11**）。

由于数据的称谓不同，因此在考虑网络通信时，就可以很明确地知道应当重点关注哪一个网络分层。例如，路由器是网际层的网络设备，因此路由器就是用于准确传输 IP 数据包的网络设备。因此，我们在考虑路由器功能的时候，就需要重点关注网际层。此外，二层交换机是在网络接口层运行的网络设备，负责传输以太网数据帧。也就是说，我们要理解二层交换机就需要关注网络接口层。

※1　在传输层中，如果使用 TCP，就会将数据称为数据；如果使用 UDP，就会将数据称为数据报。

※2　在网际层中，将数据称为 IP 数据包或 IP 数据报。

图3-11 不同网络分层称呼数据的示例

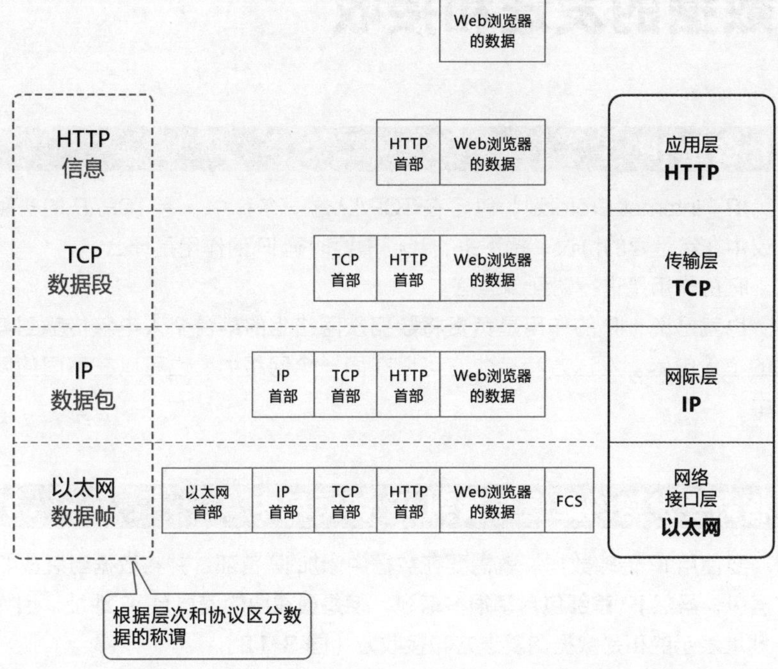

※ 实际使用中并没有对数据的称谓进行严格的区分，只需要了解可以根据网络分层对数据的称谓进行区分即可。

知识点

✐ TCP/IP 的网络层与对应的数据称谓如下。
- 应用层：信息。
- 传输层：数据段或数据报。
- 网际层：数据包或数据报。
- 网络接口层：数据帧。

✐ 实际使用中并没有对网络层与数据的称谓进行严格的区分。

» 数据的发送和接收

什么是 IP

IP（Internet Protocol）包含在 TCP/IP 这一名称中，是 TCP/IP 的各种协议中非常重要的协议。接下来，我们需要明确 IP 的作用是什么。

IP 的作用是进行端到端通信。

也就是说，IP 的作用是负责将数据从网络上的某台个人电脑传输到其他的个人电脑。发送方和接收方可以在同一个网络中，也可以在不同的网络中。

将需要发送的数据封装到 IP 数据包中

要使用 IP 传输数据，就需要在数据中添加 IP 首部，并将数据封装成 IP 数据包。**虽然 IP 首部包含了很多信息，但是最重要的信息是 IP 地址**。因为 IP 地址表示的正是数据的发送方和接收方（**图 3-12**）。

此外，需要使用 IP 进行传输的数据，是在应用程序的数据中添加了应用层协议的首部和传输层协议的首部的数据。另外，还需要在 IP 数据包中添加网络接口层协议的首部，再将数据传输到网络中。

如果接收方连接的不是同一个网络，那么中间就需要使用路由器。从发送方主机发出的 IP 数据包会通过路径中的路由器进行传输，最终传递给接收方的主机。通过路由器传输 IP 数据包的方式被称为路由（**图 3-13**）。

图3-12　IP首部（IPv4）的格式

<table>
<tr><td>版本
(4)</td><td>首部长度
(4)</td><td>服务类型(8)</td><td colspan="2">数据包长度(16)</td></tr>
<tr><td colspan="3">识别号(16)</td><td>Flag
(3)</td><td>段偏移(13)</td></tr>
<tr><td colspan="2">TTL(8)</td><td>协议号(8)</td><td colspan="2">首部校验和(16)</td></tr>
<tr><td colspan="5">发送方IP地址(32)</td></tr>
<tr><td colspan="5">接收方IP地址(32)</td></tr>
<tr><td colspan="4">选项</td><td>Padding</td></tr>
</table>

20字节

通常不会使用选项和Padding

※(　)内为位数。

※现在最常用的IP版本为IPv4。

图3-13　基于IP的端到端通信

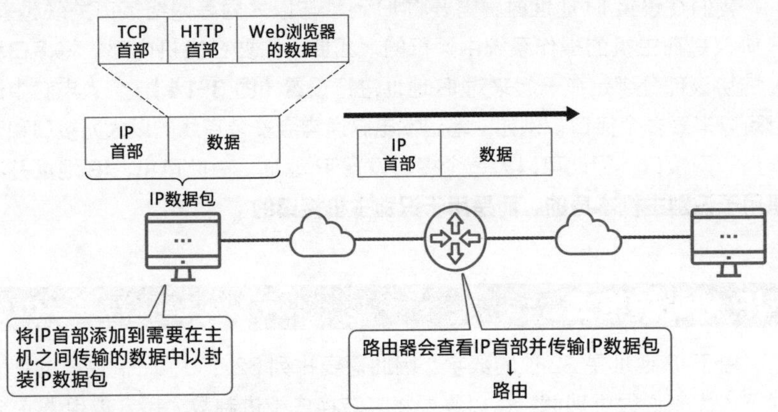

※省略了IP数据包中添加的网络接口层协议的首部。

知识点

- 可以使用 IP 实现将数据从某台个人电脑发送到其他个人电脑的端到端通信。
- 可以在需要发送的数据中添加 IP 首部并将数据封装成 IP 数据包。
- 当接收方不在同一个网络时，路径中的路由器会对 IP 数据包进行路由。

» 通信的对象

IP 地址概要

所谓 **IP 地址**是一种用于识别 TCP/IP 中通信对象的主机的识别信息。在进行 TCP/IP 通信时，需要将 IP 首部添加到数据中并将数据封装成 IP 数据包。此外，还必须在 IP 首部指定接收方的 IP 地址和发送方的 IP 地址。**在 TCP/IP 通信中必须指定 IP 地址**，这是学习网络技术的重要知识点。

在接口中设置 IP 地址

我们在设置 IP 地址时，需要将 IP 地址与以太网等网络接口关联起来。IP 协议是在主机的操作系统中运行的。因此，需要在主机内部，将接口和 IP 的协议部分绑定在一起来对 IP 地址进行设置（**图 3-14**）。个人电脑中通常可以搭载多个接口。例如，笔记本电脑通常会安装有线的以太网接口和无线局域网接口，因此可以为每个接口设置 IP 地址。由此可见，**IP 地址并不是用于识别主机本身的，而是用于识别主机接口的**。

IP 地址的格式

由于 IP 地址是 32 位的数字，因此需要排列 32 个 0 和 1。这样的列表对于人类来说很难理解，所以需要将其转换成十进制数，每 8 位用“.”分隔。由于 8 位的十进制数是 0 ~ 255 的数字，因此 IP 地址通常由 4 个 0 ~ 255 的数字组成，用“.”分隔。需要注意的是，**包含 256 及以上数值的 IP 地址是错误的 IP 地址**。此外，这种表示方法被称为**点分十进制表示法**（**图 3-15**）。

图3-14 通过 IP 地址识别通信对象

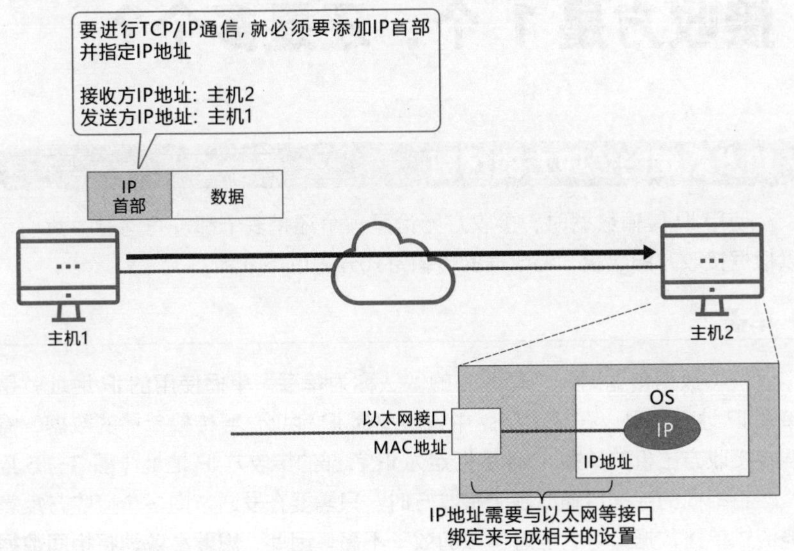

图3-15 IP 地址的表示方法

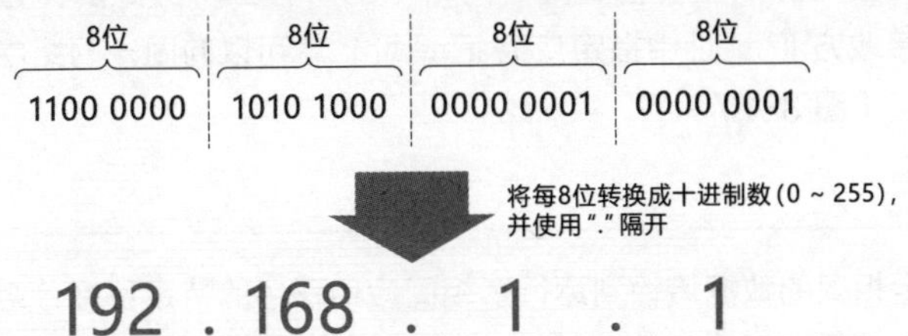

知识点

- 我们可以通过 IP 地址识别进行 TCP/IP 通信的对象。
- TCP/IP 的通信必须指定 IP 地址才能实现。
- IP 地址是将每 8 位的数字转换成 0 ~ 255 的十进制数，共 4 组，用"."进行分隔。

» 接收方是 1 个，还是多个？

转发数据的接收方的区别

使用 IP 传输数据时，接收方无论是一个还是多个都没有问题。我们可以根据接收方的数量，将数据的传输方式分为以下 3 种。

1. 单播

只将数据传输到一个接收方的做法称为**单播**。单播使用的 IP 地址就是单播 IP 地址。可以在个人电脑中设置单播 IP 地址。要传输单播的数据，需要将接收方主机的单播 IP 地址指定为 IP 首部的接收方 IP 地址（**图 3-16**）。

将相同的数据传输给多个接收方时，只需要在发送方向多个接收方反复地传输单播数据即可，但这样做的效率不高。因此，**想要高效地将相同数据传输给多个接收方时，可以使用广播和组播来实现**。

2. 广播

将完全相同的数据传输到同一网络中的所有主机的做法称为**广播**。在 IP 首部的接收方 IP 地址中指定广播 IP 地址，就可以向同一网络中的所有主机传输数据（**图 3-17**）。

3. 组播

将完全相同的数据传输到运行了相同应用程序的特定目标分组中的主机的做法称为**组播**。要实现这一处理，需要在 IP 首部的接收方 IP 地址中指定组播 IP 地址（**图 3-18**）。

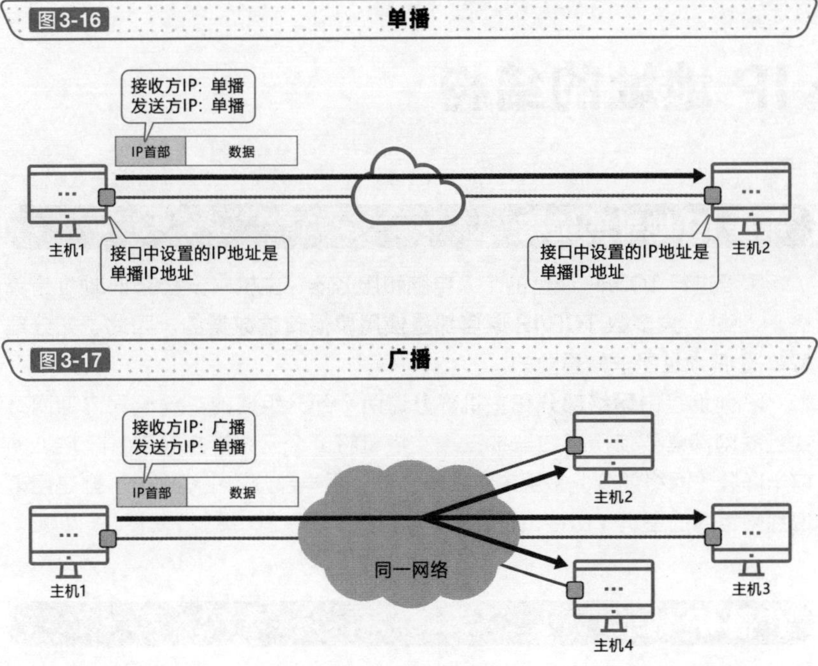

组播

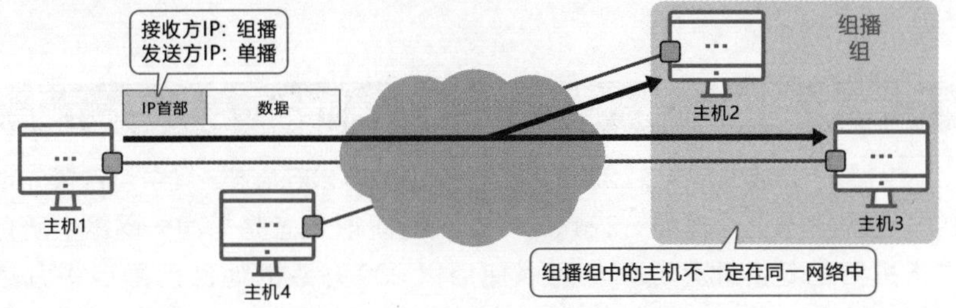

知识点

- 单播只将数据传输到一个接收方。
- 广播是向同一网络中所有的主机传输数据。
- 组播是向目标组中的主机传输数据。

» IP 地址的结构

单播 IP 地址的结构

需要进行 TCP/IP 通信的个人电脑和服务器等主机中设置的 IP 地址是单播 IP 地址。**大多数 TCP/IP 通信都是使用单播传输数据的**。因此，充分理解单播 IP 地址是非常重要的。

IP 地址是由**网络部分**和**主机部分**这两个部分组成的 ※1 。公司内部网络或互联网都需要使用路由器或三层交换机将多个网络连接起来。IP 地址的前半部分（网络部分）是用来识别网络的，后半部分（主机部分）则是用来识别网络中的主机（的接口）**（图 3-19）**。

广播 IP 地址

将数据一次性传输到网络中所有的主机时，需要使用的广播 IP 地址是 32 位为 1 的 IP 地址。如果使用的是点分十进制表示法，那么 255.255.255.255 就是广播 IP 地址 ※2 。

组播 IP 地址

组播 IP 地址的范围为 224.0.0.0 ~ 239.255.255.255，其中包含预先定义的组播 IP 地址。例如，224.0.0.2 这个组播 IP 地址是指同一网络中所有的路由器的组。此外，用户可以使用以 239 开头的地址范围自由分组**（表 3-1）**。

※1 通常将网络部分称为网络地址，将主机部分称为主机地址。

※2 单播 IP 地址中后半部分（主机部分）的所有位都为 1 的 IP 地址也是广播 IP 地址。

图 3-19 单播 IP 地址的结构

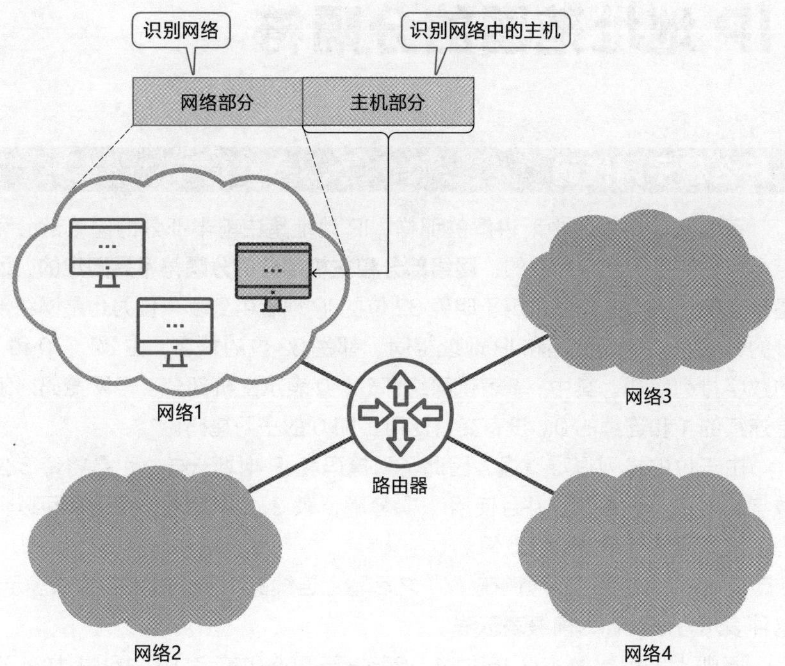

表 3-1 广播 IP 地址与组播 IP 地址

种 类	范 围
广播 IP 地址	255.255.255.255
组播 IP 地址	224.0.0.0 ~ 239.255.255.255

知识点

- 单播 IP 地址是由前半部分的网络部分和后半部分的主机部分组成的。
- 255.255.255.255 是广播 IP 地址。
- 224.0.0.0 ~ 239.255.255.255 是组播 IP 地址。

» IP 地址范围的分隔符

什么是子网掩码

正如在前一小节中所讲解的那样，IP 地址是由前半部分的网络部分和后半部分的主机部分组成的。**网络部分和主机部分的分隔符不是固定的，而是可变的**。**子网掩码**就是用于明确 32 位的 IP 地址中到哪一位为止是网络部分的分隔符。子网掩码和 IP 地址相同，都是 32 位的数字，由 32 个 0 和 1 的数字排列组成。其中，1 表示网络部分，0 表示主机部分。子网掩码必须是连续的 1 和连续的 0。没有交替使用 1 和 0 的子网掩码。

由于位的排列很难看懂，因此子网掩码和 IP 地址一样，也是将每 8 位数字转换成十进制数，并且使用“.”分隔。**表 3-2** 中任意一个值都可以作为子网掩码的十进制数的数值。

此外，有时也可以通过在“/”之后写上连续的 1 的个数的方式来表示。这种表示方法被称为**前缀表示法**。

原则上，需要像 192.168.1.1、255.255.255.0 或者 192.168.1.1/24 这样，通过在 IP 地址中添加子网掩码的方式来明确地划分网络部分和主机部分（**图 3-20**）。

网络地址与广播地址

如果 IP 地址后面的所有主机部分均为位 0 时，那么它就是用于识别网络本身的**网络地址**。在网络结构图中识别网络时，可以使用网络地址进行识别。

此外，如果主机部分都是位 1 时，它就是**广播地址**。除了 255.255.255.255 之外，也可以使用这种形式的广播地址（**图 3-21**）。

表3-2 子网掩码可能取的值

十进制数	二进制数	十进制数	二进制数
255	1111 1111	**224**	1110 0000
254	1111 1110	**192**	1100 0000
252	1111 1100	**128**	1000 0000
248	1111 1000	**0**	0000 0000

图3-20 子网掩码示例

8位 8位 8位 8位
IP地址 1100 0000 1010 1000 0000 0001 0000 0001
网络部分 主机部分
子网掩码 1111 1111 1111 1111 1111 1111 0000 0000
192 . 168 . 1 . 1
网络部分 主机部分
255 . 255 . 255 . 0
使用连续的1和连续的0来分隔网络部分和主机部分
子网掩码的前缀表示法
/24
连续24个1的子网掩码

图3-21 网络地址与广播地址

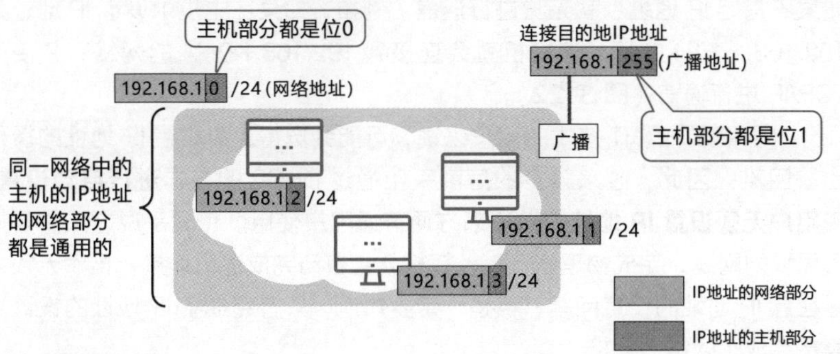

知识点

- 子网掩码是表示划分 IP 地址中的网络部分和主机部分的范围。
- 子网掩码是 32 位的数字，其中，位 1 表示网络部分，位 0 表示主机部分。
- 子网掩码与 IP 地址相同，也是将每个 8 位的数字转换成十进制数，并用“.”分隔。
- 子网掩码还可以使用前缀表示法，通过在“/”后面写上连续的位 1 的个数的方式来表示。

» 连接网络的过程

物理连接与逻辑连接

接下来，我们将对网络连接进行详细讲解。在连接网络的过程中，需要执行物理连接和逻辑连接这两个阶段来实现连接。

在 TCP/IP 的分层结构中，**物理连接**是在网络接口层实现的，而**逻辑连接**是在网际层实现的。

物理连接是指通过连接的方式来实现物理信号的传输。具体可以通过向以太网的接口插入局域网网线，连接到无线局域网接入点或者捕获手机基站的无线电波等方式实现。

在**实现了物理连接之后，需要设置 IP 地址以实现逻辑连接**。目前使用 TCP/IP 作为网络的通用语言，因此需要在 TCP/IP 中指定 IP 地址进行通信。如果不指定 IP 地址，就无法进行通信。例如，如果在主机中设置 IP 地址为 192.168.1.1/24 的话，该主机就会连接到 192.168.1.0/24 的网络，并使用 TCP/IP 进行通信（**图 3-22**）。

对于不太熟悉 IT 技术的用户来说，可能会觉得这类设置 IP 地址的操作比较困难。因此，越来越多的厂商采用通过 DHCP 的方式**进行自动设置，使用户无须设置 IP 地址的做法**来方便普通用户使用。也就是说，只需要插入局域网网线，完成物理连接，计算机就会自动完成逻辑连接。虽然无须太过在意 IP 地址的设置问题，但是一定要知道，只有完成了 IP 地址的设置才算是完成了网络的连接。

图3-22 连接网络这件事

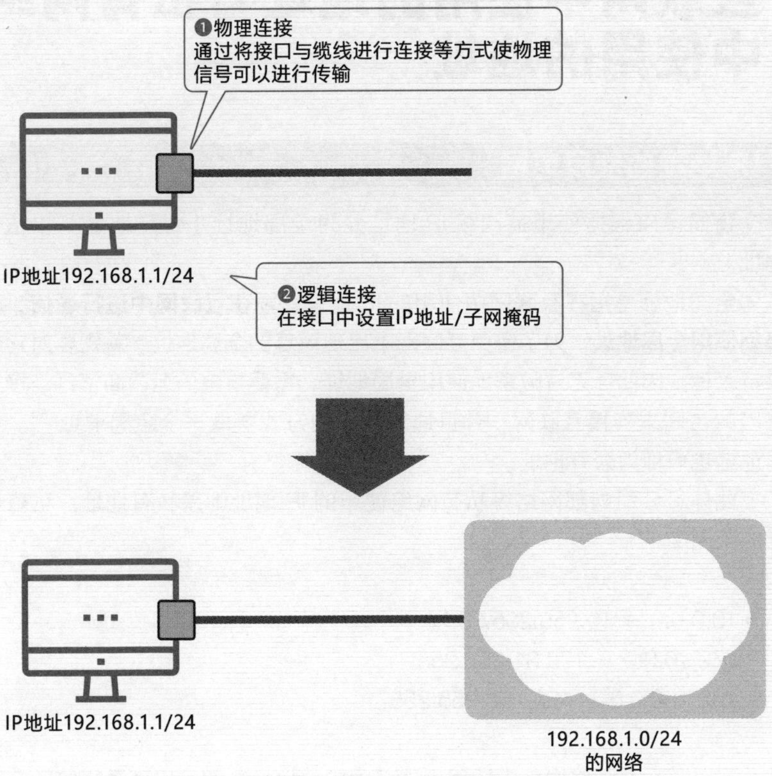

知识点

- 连接网络的过程有以下两个步骤。
  - 物理连接。
  - 逻辑连接。
- 物理连接是指通过插入局域网网线等方式实现物理信号的传输。
- 逻辑连接是指在接口中设置 IP 地址。

» 互联网中使用的地址与私有网络中使用的地址

IP 地址的使用范围

我们可以根据使用范围将 IP 地址分为全局地址（公开地址）和私有地址。

全局地址是指在互联网中使用的 IP 地址。**要在互联网中进行通信，就必须使用全局地址**。为了避免互联网中出现重复的全局地址，就需要对它们进行管理。因此，无法随意地使用全局地址，需要与电信运营商签订连接互联网的合同来连接互联网，并且通过这样的方式获取一个全局地址 ※1。全局地址也可称为公开地址。

此外，公司内部网络等私有网络使用的 IP 地址则是私有地址。私有地址的范围如下：

- 10.0.0.0 ~ 10.255.255.255。
- 172.16.0.0 ~ 172.31.255.255。
- 192.168.0.0 ~ 192.168.255.255。

可以在私有网络中自由使用上述范围内的地址。**即使出现重复的私有地址，私有网络中的通信也不会受影响（图 3-23）**。

从私有网络到互联网间的通信

在使用私有地址的私有网络和互联网之间，是无法直接进行通信的（**图 3-24**）。因为从私有网络到互联网之间的通信，需要使用下一小节中将要讲解的 NAT（网络地址转换）才能实现。

※1　某些互联网连接服务不会分配全局地址。

图3-23 全局地址与私有地址

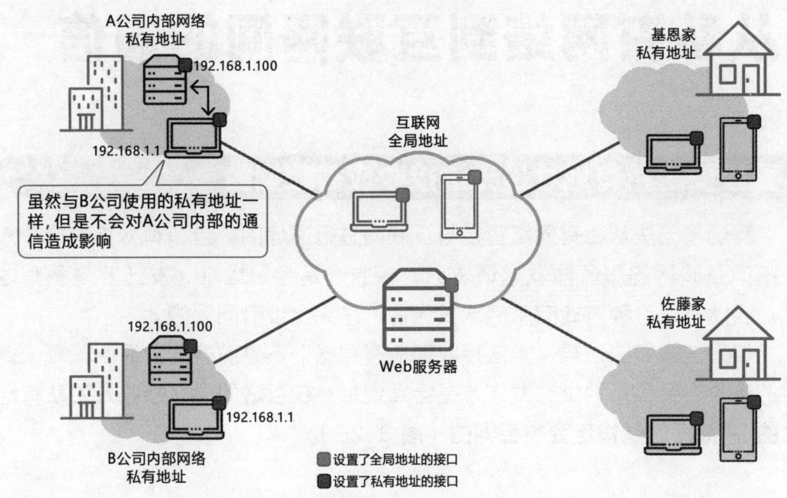

图3-24 从私有网络到互联网的通信

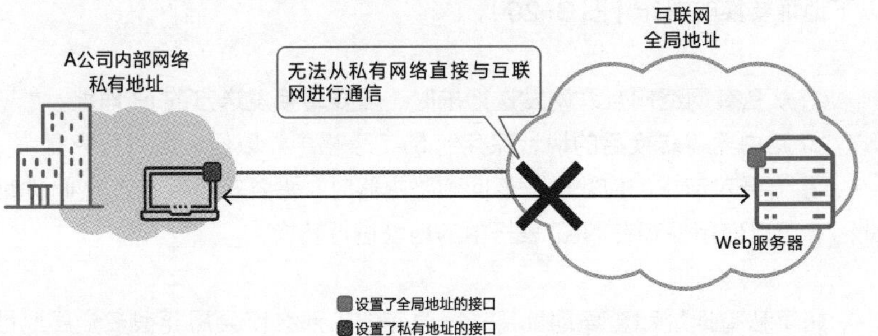

知识点

- 全局地址是在互联网中使用的地址。
- 私有地址是在私有网络中使用的地址。
- 私有地址的范围如下：
  - 10.0.0.0 ~ 10.255.255.255。
  - 172.16.0.0 ~ 172.31.255.255。
  - 192.168.0.0 ~ 192.168.255.255。

从私有网络到互联网间的通信

直接使用私有地址是无法接收应答数据的

我们是无法从私有网络直接与互联网进行通信的。当私有网络中的个人电脑向互联网的服务器发送请求时，接收方是全局地址，发送方是私有地址。因此，以这种方式向服务器发送请求是完全没有问题的。

但是这样做的结果是无法接收到应答数据。不过服务器会返回答复，此时的接收方是私有地址，发送方是全局地址。**在互联网中，接收方为私有地址的 IP 数据包是肯定会被丢弃的（图 3-25）**。

地址的转换

因此，要实现从私有网络到互联网之间的通信，就需要使用 **NAT** 进行以下地址转换的操作（**图 3-26**）。

① 从私有网络向互联网发送请求时，需要转换发送方的 IP 地址。

② 路由器将转换后的地址保存到 NAT 表格中，以便之后进行恢复。

③ 当针对请求的应答数据返回到路由器时，需要转换接收方的 IP 地址。此时，可以使用保存在 NAT 表格中的地址进行转换。

如果私有地址和全局地址是一一对应的，那么就会需要很多全局地址。在这种情况下，我们可以使用 **NAPT**（Network Address Port Translation，网络地址端口转换）来实现多个私有地址与一个全局地址相对应的地址转换。

图3-25 接收方为私有地址的回复会被丢弃

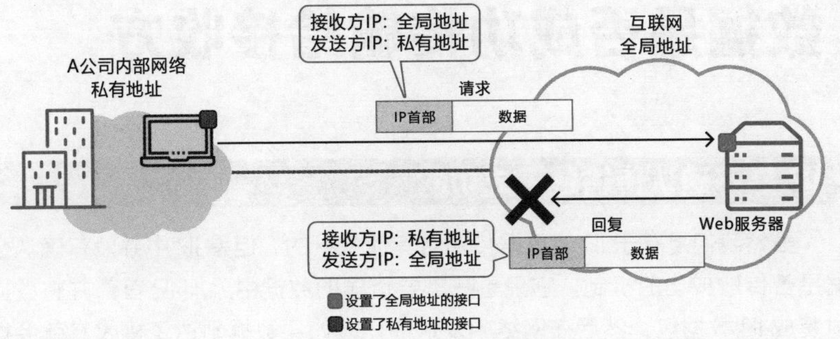

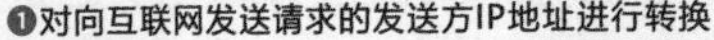

图3-26 基于 NAT 的地址转换机制

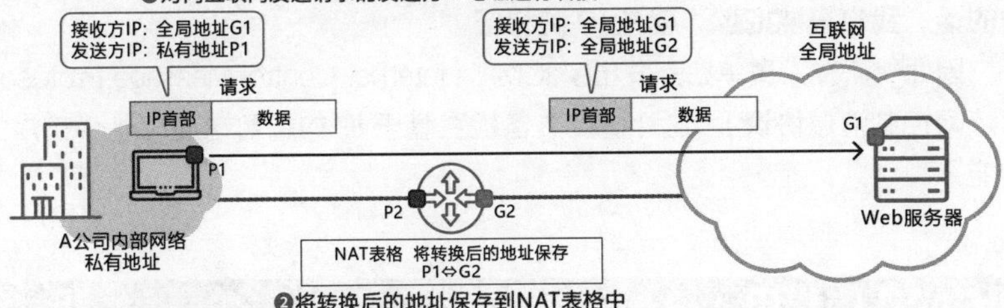

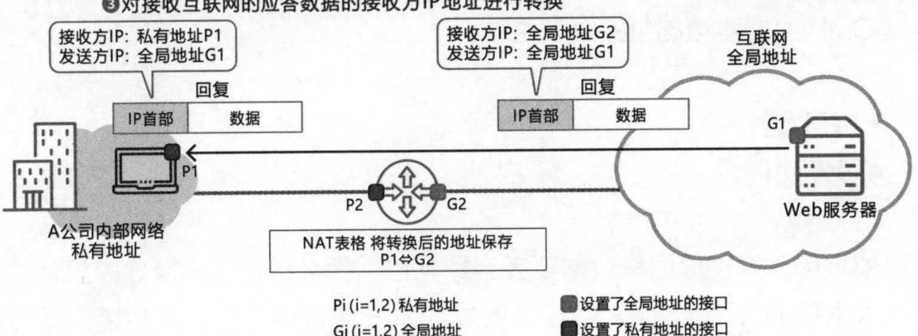

知识点

- 在互联网中，接收方为私有地址的 IP 数据包会被丢弃。
- 使用 NAT 转换私有地址和全局地址，就可以实现从私有网络到互联网的通信。

» 数据是否成功传输给接收方

IP 是不确认传输是否成功的

虽然我们是基于 IP 将数据传输给其他主机的，但是 IP 中并没有确认数据是否传输成功的机制。它只是在需要传输的数据中添加 IP 首部并将数据封装成 IP 数据包，然后在网络中发送而已。如果数据到达了接收方就会得到相应的回复，但是如果数据没有到达接收方，那么就永远不会得到回复。当然，也无法知道为什么数据没有发送成功。我们可以将这种 IP 传输数据的特征称为**尽力而为型**。**“虽然我会尽我所能地传输数据，但是如果没有成功的话，我也只能抱歉”就是 IP 的特征**。

因此，研发人员单独开发出了 ICMP（Internet Control Message Protocol，因特网控制消息协议），这种协议具备检查基于 IP 的端到端通信是否正常的功能。

ICMP 的作用

ICMP 的主要功能包括以下两种。

- 错误报告。
- 诊断功能。

如果因为某种原因导致需要丢弃数据包，那么执行丢弃操作的设备就会通过 **ICMP** 向所丢弃的 IP 数据包的发送方发送错误报告。这种错误报告被称为**无法送达消息**。设备就是通过这种方式将端到端通信没有成功的原因通知给发送方的（**图 3-27**）。

诊断功能用于检查 IP 的端到端通信是否成功。在这种情况下，通常需要使用 **ping 命令**。使用 ping 命令发送和接收 ICMP 回显请求 / 响应消息，就可以诊断出是否可以与指定的 IP 地址进行通信（**图 3-28**）。

图3-27 ICMP错误报告

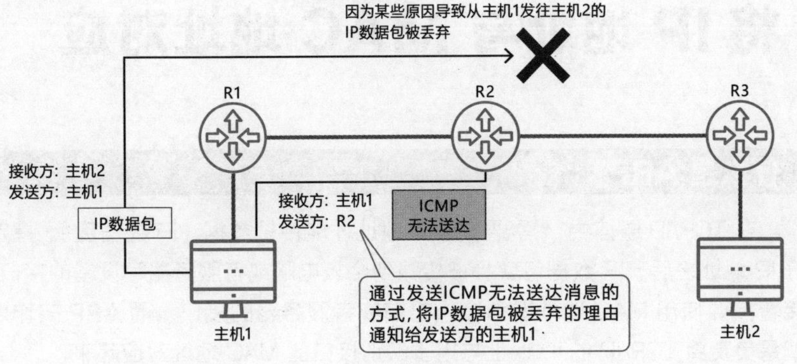

图3-28 ping命令

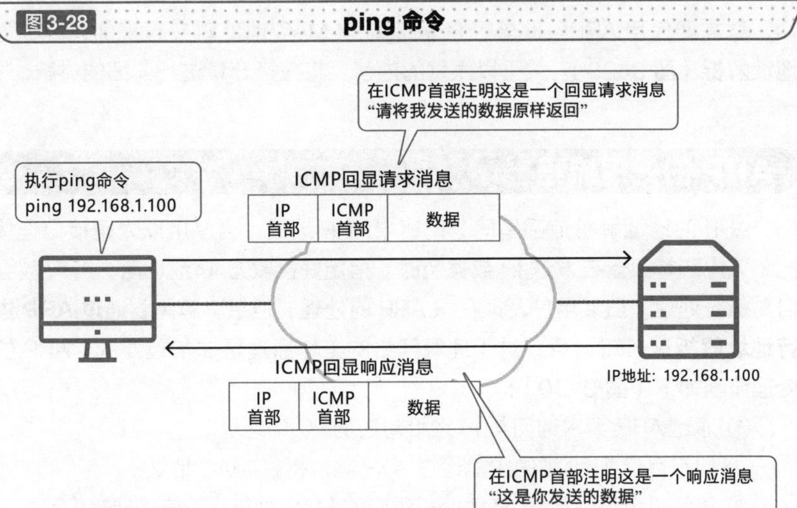

知识点

- 可以使用 ICMP 检查 IP 传输数据是否成功。
- 如果因为某些原因导致 IP 数据包被丢弃，设备就会向接收方发送 ICMP 无法送达消息的内容。
- 可以使用 ping 命令来确认是否可以与指定的 IP 地址进行通信。

» 将 IP 地址与 MAC 地址对应

什么是 ARP

在 TCP/IP 通信中，需要指定 IP 地址才能传输数据（IP 数据包）。指定好 IP 地址之后，IP 数据包就会被传输到个人电脑或者服务器等设备的接口。接着需要使用 MAC 地址识别个人电脑或者服务器的接口。而 **ARP** 的作用就是负责将 TCP/IP 的 IP 地址与用于识别接口的 MAC 地址对应起来。

从以太网接口发出 IP 数据包时，需要添加以太网首部。在以太网首部则必须指定接收方 MAC 地址。若查找接收方 IP 地址所对应的 MAC 地址的话，就需要使用 ARP。此外，将 IP 地址与 MAC 地址对应起来的过程称为**地址解析**（**图 3-29**）。关于以太网的内容，将在第 5 章进行详细的讲解。

ARP 的处理流程

ARP 的地址解析范围是同一网络中的 IP 地址。当使用以太网接口连接的个人电脑等设备在发送 IP 数据包时，指定好接收方 IP 地址后，ARP 就会自动执行处理。虽然用户无须在意 ARP 的处理，但是了解需要**通过 ARP 进行地址解析**这一知识点，对于理解网络的工作原理是非常重要的。ARP 的处理流程如下（**图 3-30**）:

① 通过 ARP 请求询问与 IP 地址对应的 MAC 地址。

② 拥有目标 IP 地址的主机通过 ARP 响应提供 MAC 地址。

③ 将经过地址解析的 IP 地址和对应的 MAC 地址保存在 ARP 缓存中。

图3-29 将接收方 IP 地址与接收方 MAC 地址对应起来

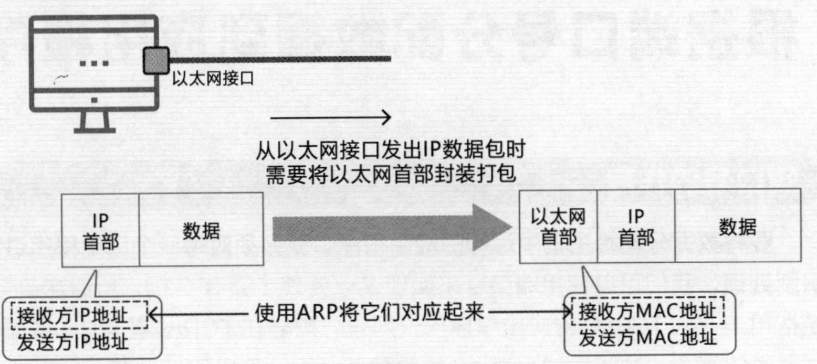

图3-30 ARP 的处理流程

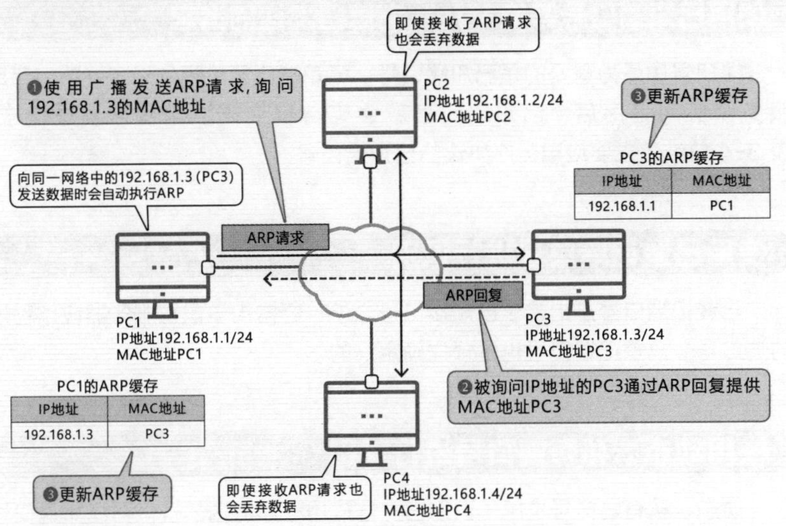

知识点

- 将 IP 地址与 MAC 地址对应起来的过程称为地址解析。
- ARP 可以自动进行地址解析，并获取与接收方 IP 地址相对应的接收方 MAC 地址。

» 根据端口号分配数据到应用程序

端口号的作用

要将数据分配给主机中运行的应用程序，就必须对每一个应用程序进行识别处理。我们可以使用**端口号**来实现这一处理（**图 3-31**）。所谓端口号，是指用于识别 TCP/IP 的应用程序的识别号，需要在 **TCP** 或者 **UDP 首部**中对其进行指定。由于端口号是 16 位的数值，因此可以取值的范围就是 0 ~ 65535。**表 3-3** 对每个端口号范围的含义进行了总结。

使用已知端口号等待 Web 浏览器发送的请求

端口号中最为重要的是**已知端口号**。已知端口号是预先确定好的。启动服务器应用程序后，已知端口号就会等待客户端应用程序发送请求。**表 3-4** 总结了主要应用程序协议的已知端口号。

使用已登记端口号进行识别

已登记端口号是指除了已知端口号之外，经常用于识别服务器应用程序的端口号。已登记端口号也是预先确定好的。

使用动态、私有端口号进行识别

动态、私有端口号是用于识别客户端应用程序的端口号。与已知端口号和已登记端口号不同，它们并不是预先确定好的，而是在客户端应用程序进行通信时动态分配的端口号。

图3-31 端口号概要

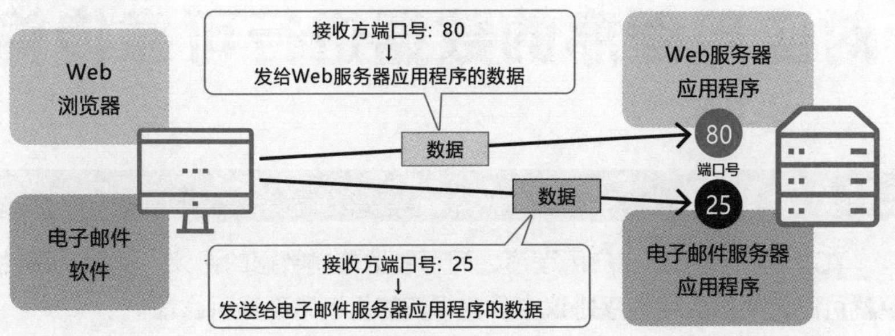

表3-3 端口号的范围

名　称	器口号的范围	含　义
已知端口号	0 ~ 1023	为服务器应用程序保留的端口号
已登记端口号	1024 ~ 49151	常用应用程序的服务器端的端口号
动态、私有端口号	49152 ~ 65535	客户端应用程序使用的端口号

表3-4 主要的已知端口号

协　议	TCP	UDP
HTTP	80	—
HTTPS	443	—
SMTP	25	—
POP3	110	—
IMAP4	143	—
FTP	20/21	—
DHCP	—	67/68

知识点

- 使用端口号识别应用程序，并将数据分配给正确的应用程序。
- 端口号需要在 TCP 或 UDP 首部进行指定。
- 0 ~ 1023 的已知端口号是一种主要用于识别服务器应用程序的，按照约定预先保留下来的端口号。

» 对应用程序的数据进行可靠传输

什么是 TCP

TCP 是一种用于在应用程序之间可靠地传输数据的协议。**使用 TCP 协议就可以无须在应用程序协议中建立相应的机制来确保可靠性**。

TCP 进行数据传输的步骤

使用 TCP 在应用程序之间进行数据传输时，需要按照以下步骤执行处理：

① 建立 TCP 的连接。

② 在应用程序之间发送和接收数据。

③ 断开 TCP 的连接。

首先，需要确认发送和接收数据的应用程序之间是否能够正常通信。这一确认过程称为**三次握手**（建立连接）。

然后，使用 TCP 将应用程序所处理的数据发送时，需要在应用程序的数据中添加应用程序协议的首部和 TCP 首部。有时也将这一数据称为 TCP 段。如果应用程序的数据尺寸较大的话，就需要对其进行分割，并将数据作为多个 TCP 段进行传输。如果**在 TCP 首部注明了分割方式的话，在接收方就可以按照顺序将数据组装还原**。此外，当接收到数据时，也需要进行确认。确认接收数据的过程称为 **ACK**。如果一部分数据没有接收成功，TCP 就会再次发送数据。此外，当检测到网络拥塞时，TCP 就会减慢数据传输速度。我们将这种数据传输机制称为**流控制**。

当应用程序的所有数据传输成功之后，就会断开 TCP 的连接（**图 3-32**）。

图3-32 **TCP 进行数据传输的步骤**

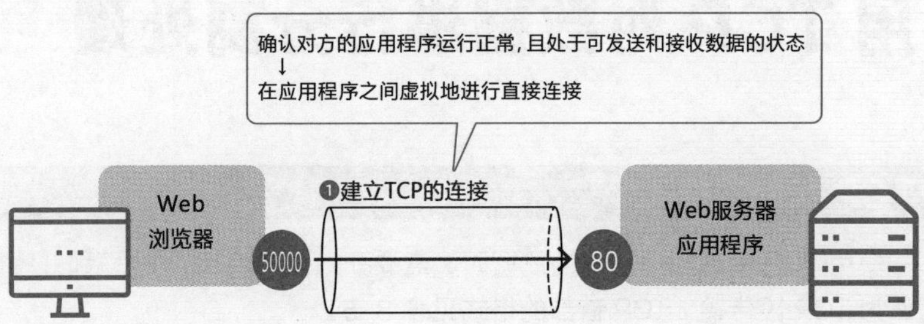

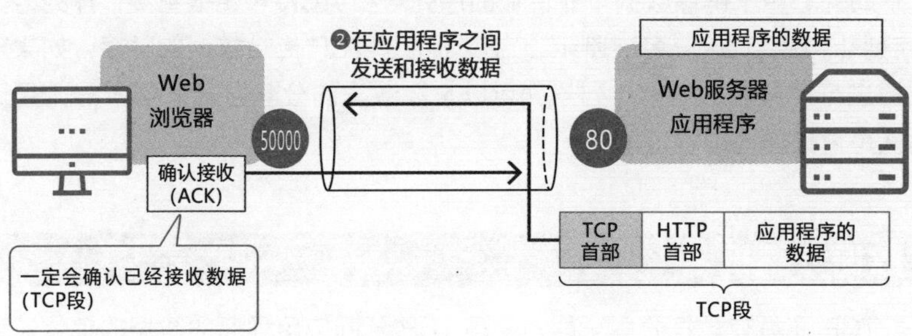

知识点

- 可以使用 TCP 在应用程序之间进行可靠的数据传输。
- 基于 TCP 的数据传输步骤如下：
  - 建立 TCP 连接。
  - 在应用程序之间发送和接收数据。
  - 断开 TCP 连接。

》用 TCP 对数据进行分割处理

TCP 首部的格式

使用 TCP 传输应用程序的数据时，需要在数据中添加 TCP 首部并将数据作为 TCP 段传输。TCP 首部的格式见**表 3-5**。

接下来，只对 TCP 首部中重要的部分进行简要的讲解，其中最重要的是端口号。因为需要通过端口号将数据分配给正确的应用程序的协议。

此外，用于确保数据可靠传输的**序列号**和 **ACK 号**也很重要。序列号如“序列（顺序）”这一名称所示，它表示的是 TCP 传输数据的顺序。如果对数据进行了分割，查看序列号就可以掌握数据的分割方式。ACK 号则用于确认是否正确地接收了数据。

数据分割机制

TCP 还具有数据分割功能。使用 TCP 分割应用程序的数据的单位被称为 **MSS**（Maximum Segment Size，最大段大小）。**超过 MSS 的数据将被分割为多个 MSS 再进行发送。MSS 的标准大小为 1460 字节**。

接下来，我们将要思考，在进行 Web 访问时，从 Web 服务器应用程序向 Web 网站发送数据时，使用 TCP 对数据进行分割时的场景。由于是将 HTTP 作为应用程序的协议使用，因此需要在 Web 网站的数据中添加 HTTP 首部。这份数据就是 TCP 的数据。然后，需要将这一数据分割成每个 MSS，分别为它们添加 TCP 首部，并作为多个 TCP 段发送。只要查看 TCP 首部中的序列号，就可以知道原始数据是如何被分割的（**图 3-33**）。

表3-5 **TCP 首部格式**

发送方端口号(16)			接收方端口号(16)
序列号(32)			
ACK号(32)			
数据偏移(4)	保留(6)	Flag(6)	窗口尺寸(16)
校验和(16)			紧急数据指针(16)

※(　)内显示的是位数。

图3-33 **Web 网站的数据分割示例**

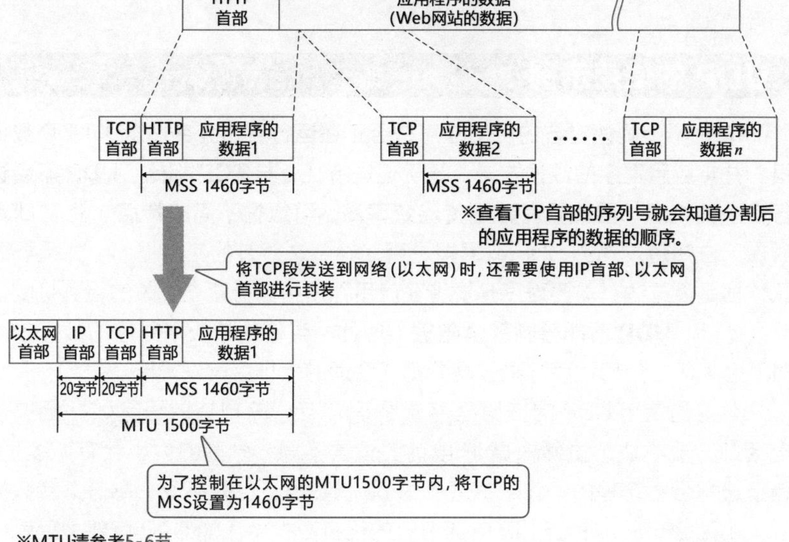

※MTU请参考5-6节。

知识点

- 可以在需要传输的应用程序的数据中添加 TCP 首部并将其作为 TCP 段传输。
- 必要时可以使用 TCP 分割数据。
- 使用 TCP 分割的数据大小被称为 MSS。

» 只对传输给应用程序的数据进行分发

UDP

UDP 只是一种负责将到达个人电脑或服务器的数据分发给正确的应用程序的协议，它只具备这一种功能，不会像 TCP 那样需要执行各种确认处理。

使用 UDP 发送和接收应用程序的数据时，需要在数据中添加 UDP 首部。有时我们将 UDP 首部和应用程序的数据合并称为 UDP 数据报。

与 TCP 首部相比，UDP 首部的格式更为简单（表 3-6）。

UDP 的使用示例

UDP 不会确认对方的应用程序是否正在运行，它会突然发送 UDP 数据报，并将应用程序的数据发送。基于这些特征，**与 TCP 相比，UDP 不会进行多余的处理，因此具有数据传输效率高、可靠性不高的特点**。使用 UDP 时，无法知道发送的 UDP 数据报是否正确到达对方的应用程序。如果要确认数据是否送达，需要程序开发者在应用程序中自行建立相关的检测机制。

此外，**UDP 不能分割较大数据**。因此，当传输的应用程序的数据较大时，必须先在应用程序端将数据分割成合适的大小后再进行传输。

典型的使用 UDP 的应用程序就是 IP 电话。IP 电话的语音数据会被 IP 电话细分成小块。虽然根据 IP 电话的设置不同，分割的大小会有所差别，但是通常会将每秒的语音数据分割为 50 份数据。也就是说，每份语音数据的大小为 20ms。在经过 IP 电话细分的语音数据中添加 UDP 首部之后就可以对数据进行传输了（图 3-34）。

表3-6 **UDP 首部格式**

发送方的端口号(16)	接收方的端口号(16)
数据报长度(16)	校验和(16)

※( )内显示的是位数。

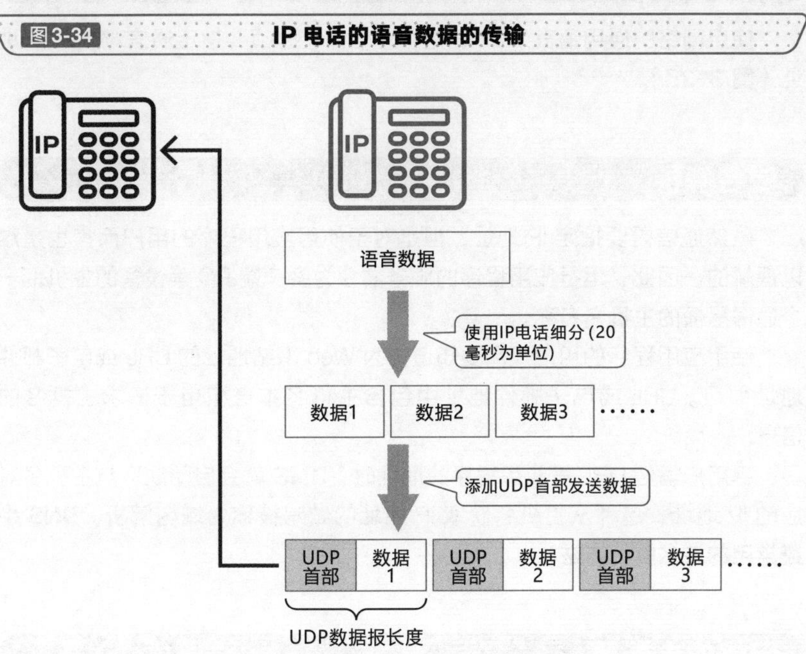

图3-34 **IP 电话的语音数据的传输**

知识点

✎UDP 是一种只负责为应用程序分发数据的协议。

✎当传输 IP 电话的语音数据等为实时数据时，可以使用 UDP。

» 网络的电话簿

必须要指定 IP 地址

使用网络的通用语言 TCP/IP 进行通信时，必须要指定通信对象的 IP 地址（图 3-35）。

域名解析

虽然通信需要指定 IP 地址，但是对于使用应用程序的用户而言也是难以理解的。因此，运行应用程序的服务器会为客户端 PC 等设备的主机取一个通俗易懂的**主机名**名称。

使用应用程序的用户只需要知道作为 Web 网站地址的 URL 或电子邮件地址即可。URL 或电子邮件地址中包含主机名本身和用于请求主机名的信息。

当用户指定 URL 等应用程序的地址时，**DNS** 就会自动获取与主机名对应的 IP 地址，这种从主机名获取 IP 地址的做法被称为**域名解析**。**DNS 是最常用的域名解析方法**。

网络的电话簿

DNS 就像是我们平时使用的手机电话簿一样。只有知道电话号码，才能拨打电话。但是要记住很多电话号码也是很难的事情。因此，可以预先在电话簿中登记好姓名和电话号码。这样一来，在拨打电话时，只需要指定姓名就可以自动拨号。

TCP/IP 通信也同样如此。**TCP/IP 通信中需要使用的 IP 地址，也是通过作为 TCP/IP 网络的电话簿的 DNS 来查询的**（图 3-36）。

图3-35 **通信需要使用 IP 地址**

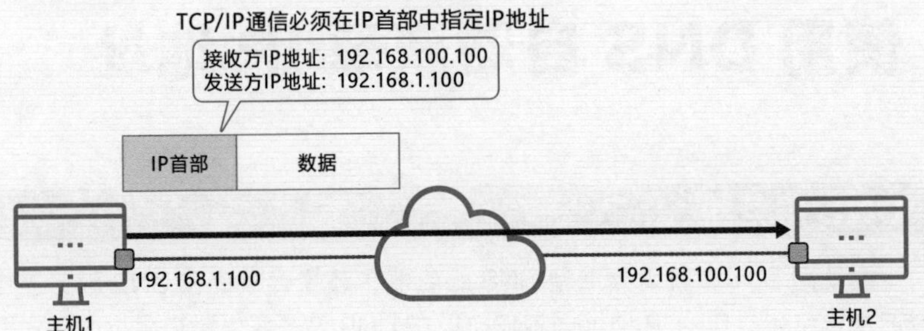

图3-36 **DNS 与电话簿**

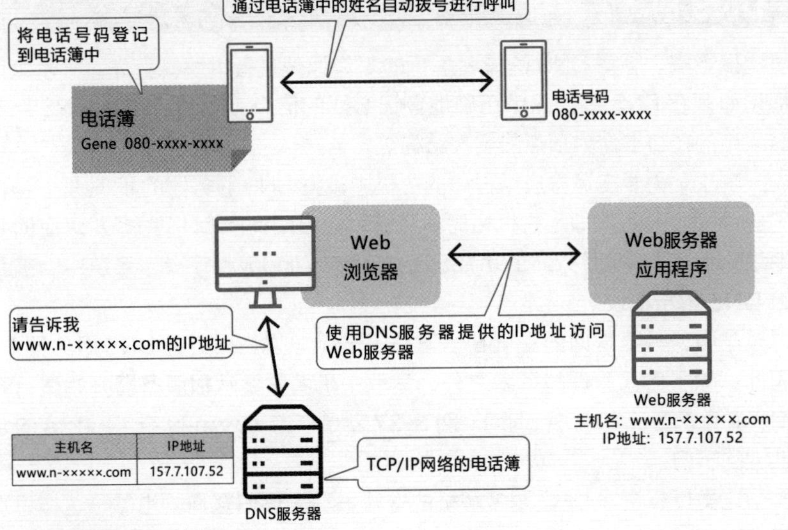

主机名	IP地址
www.n-×××××.com	157.7.107.52

知识点

- 在 TCP/IP 通信中，必须指定 IP 地址。
- 由于 IP 地址难以理解，因此通常使用主机名来指定需要进行通信的对象主机。
- 通过主机名获取 IP 地址的方式被称为域名解析，大多数情况都是使用 DNS 进行解析的。

» 使用 DNS 自动获取 IP 地址

DNS 服务器

要使用 DNS，就需要准备 DNS 服务器，还需要预先在 DNS 服务器中登记主机名和对应的 IP 地址。不仅可以在 DNS 服务器中登记主机名和对应的 IP 地址，还可以登记其他各种信息。我们将登记在 DNS 服务器中的信息称为**资源记录**，并在**表 3-7** 中列出了资源记录的主要类型。

DNS 的域名解析

接下来，将对 DNS 的域名解析的工作原理进行讲解。首先，一个大前提是必须在 DNS 服务器中正确地登记必要的信息（资源记录）。DNS 服务器采用的是将根作为顶点的层次结构。

其次，需要在运行应用程序的主机中设置 DNS 服务器的 IP 地址。当使用应用程序的用户指定主机名时，系统就会自动询问 DNS 服务器对应的 IP 地址。询问 DNS 服务器的功能已经内置在 Windows 等操作系统中，被称为 **DNS 解析模块**。

然而，需要查询的主机名信息并不一定总是在附近的 DNS 服务器中。因此，除了自己管理的域名之外，其他主机名需要从**根服务器**开始进行查询，并且需要反复地进行询问。**图 3-37** 就是查询 www.n-×××××.com 的 IP 地址的示例。

这类反复查询 DNS 域名解析的做法被称为**递归查询**。当然，这样每次都从根开始进行递归查询的效率并不高。因此，DNS 服务器和解析模块会将查询的信息暂时保存在缓存中。虽然在缓存中的保存时间取决于设置方式，但是**只要以前的查询结果的缓存依然存在，就无须从根服务器开始进行域名解析处理**。

表3-7 主要的资源记录

类	含 义
A	主机名对应的 IP 地址
AAAA	主机名对应的 IPv6 地址
CNAME	主机名对应的其他名称
MX	域名对应的电子邮件服务器
NS	管理域名的 DNS 服务器
PTR	IP 地址对应的主机名

※ 新版本的 IP 协议是 IPv6。在 IPv6 中使用的是长度为 128 位的地址。

图3-37 DNS 的域名解析示例

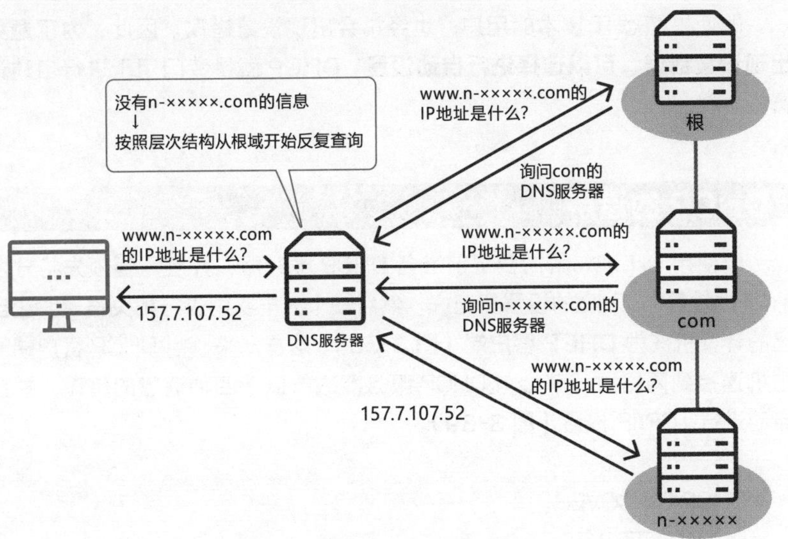

知识点

- 需要预先将主机名和对应的 IP 地址等资源记录登记在 DNS 服务器中。
- 查询 DNS 服务器的功能被称为 DNS 解析模块。
- 向 DNS 服务器询问 IP 地址时，需要从根服务器开始反复进行查询。

» 对必需的设置进行自动设置

通信之前必须先进行设置

在使用 TCP/IP 进行通信之前，必须在个人电脑、智能手机、服务器和各种网络设备中对 TCP/IP 进行正确的设置。

负责自动设置通信信息的 DHCP

即使是熟悉 IT 技术的用户，也经常会出现设置错误。因此，**为了避免出现设置错误，可以选择进行自动设置**。**DHCP** 就是专门用于进行自动设置的协议。

DHCP 的运用

要使用 DHCP，就需要提前准备 DHCP 服务器，并且需要预先将分发的 IP 地址等 TCP/IP 的设置登记好。然后在个人电脑中进行相关设置，让自己的计算机成为 **DHCP 客户端（图 3-38）**。这样一来，当 DHCP 客户端的主机连接到网络时，就会与 DHCP 服务器进行以下四种消息的传输，并且自动进行 TCP/IP 设置（**图 3-39**）。

- DHCP DISCOVER。
- DHCP OFFER。
- DHCP REQUEST。
- DHCP ACK。

上述 DHCP 的通信可以通过广播的方式实现。实际上，DHCP 客户端根本就不知道自己的 IP 地址，当然也不知道 DHCP 服务器的 IP 地址。**即使不知道地址，但在想要发送数据时，你也可以使用广播**。

图3-38 **DHCP 客户端的设置**

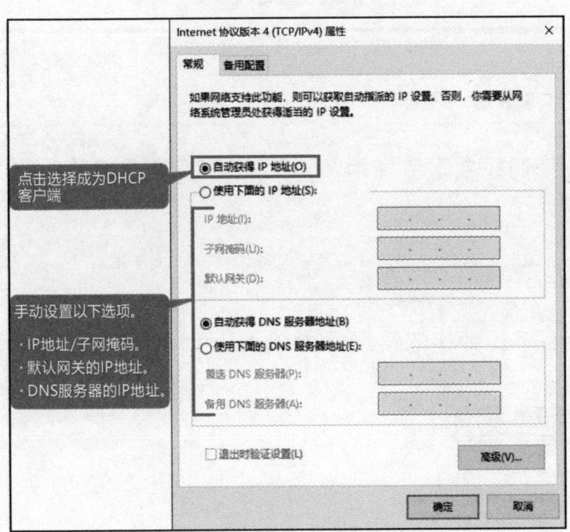

※ 关于默认网关的知识请参考 6-18 节。

图3-39 **DHCP 的运用**

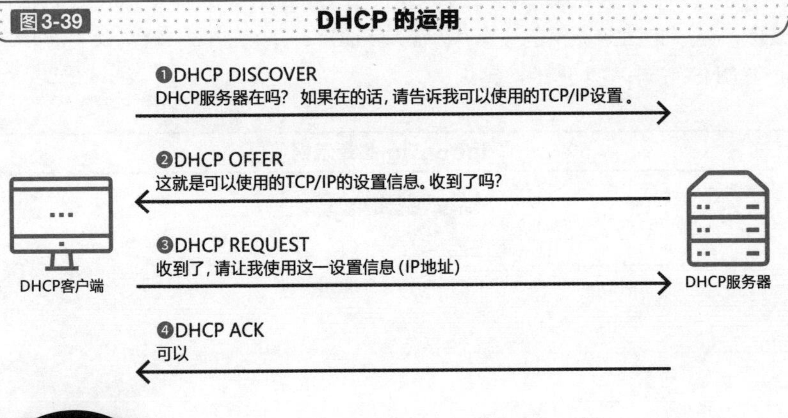

知识点

- TCP/IP 的设置项目包括以下内容。
  - IP 地址 / 子网掩码。
  - 默认网关的 IP 地址。
  - DNS 服务器的 IP 地址。
- 可以使用 DHCP 自动进行 TCP/IP 设置。

开始实践吧

查看TCP/IP的设置

接下来，我们将要查看使用 Windows 的个人电脑进行通信时的 TCP/IP 的设置情况。

1. 打开命令提示符

在“开始”按钮旁边的搜索框中输入 cmd，然后按 Enter 键打开“命令提示符”窗口。

2. 通过输入ipconfig命令的方式显示TCP/IP的设置

打开“命令提示符”窗口后，输入 ipconfig/all 命令就会显示 TCP/IP 的设置。接下来请从显示的设置中确认 IP 地址、子网掩码、默认网关的 IP 地址和 DNS 服务器的 IP 地址等信息。

ipconfig 命令示例

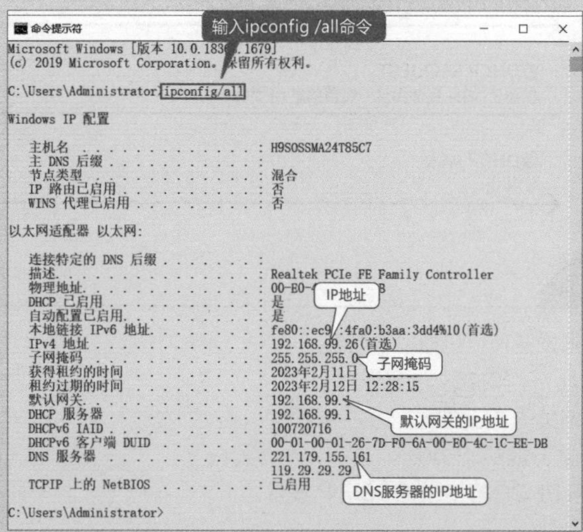

第4章

Web网站的运行原理——我们真的知道每天浏览的Web网站是如何工作的吗

» Web 网站是如何构建的

所谓 **Web 网站**，是指由 Web 服务器应用程序对外部公开的各种 Web 网页的集合。如果想要创建 Web 网站，就需要在 Web 服务器中安装 Web 服务器应用程序，并且需要确定要发布的 Web 网页。此外，将 Web 网页创建成 **HTML 文件**是比较常见的做法（**图 4-1**）。

浏览 Web 网站时实际发生了什么

浏览 Web 网站的操作，是指将构成 Web 网站的 Web 网页的文件，从 Web 服务器应用程序传输到 Web 浏览器中并对其进行显示的过程（**图 4-2**），具体的实现流程如下。

❶ 在 Web 浏览器中输入 Web 网站的地址或者点击链接之后，浏览器就会向 Web 服务器应用程序发送传输文件的请求。

❷ Web 服务器应用程序在收到请求之后，会将被请求的文件作为回复返回给 Web 浏览器。

❸ Web 浏览器将接收到的文件显示出来之后，就可以浏览 Web 网站了。

在浏览 Web 网站时，**在 Web 浏览器和 Web 服务器应用程序之间进行的 Web 网页文件的传输，并不一定是一次性完成的**。如有必要，可能会进行重复多次的文件传输处理。此外，在传输 Web 网页文件时，需要使用的 TCP/IP 的应用层协议是 HTTP※1。HTTP 协议会在传输层使用 TCP 协议，并在网际层使用 IP 协议。从应用层到网际层的**协议组合，Web 浏览器和 Web 服务器应用程序都需要使用相同的协议**。但是位于最底层的网络接口层则无须使用相同的协议。

※1 当需要进行加密处理时，则会使用 HTTPS 协议作为应用层协议。

图4-1 Web网站的结构

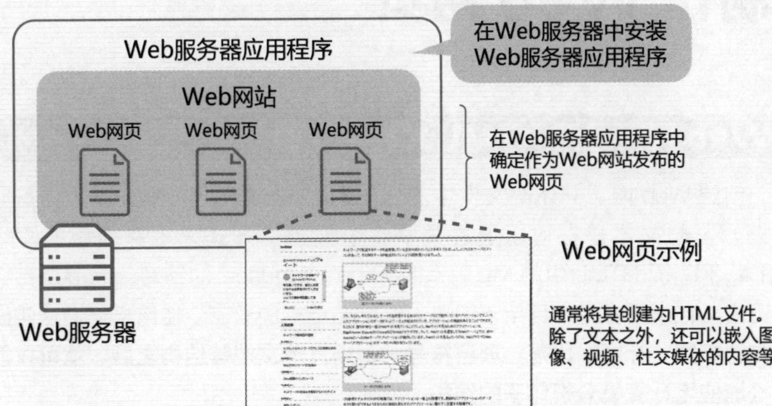

图4-2 浏览 Web 网站

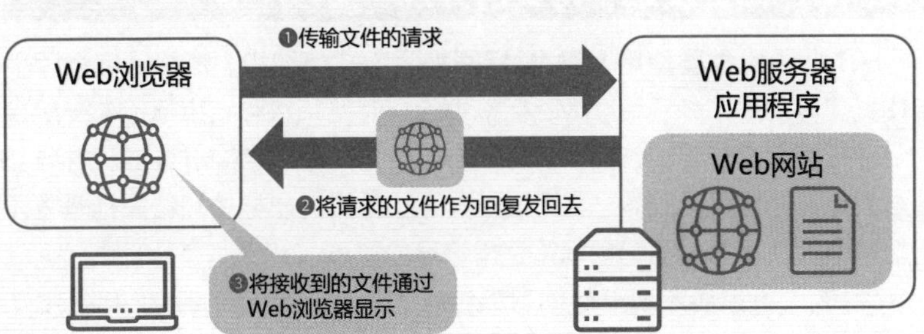

访问Web网站时使用的协议组合

HTTP	应用层
TCP	传输层
IP	网际层
以太网等	网络接口层

知识点

- Web 网站是指 Web 服务器应用程序向外部公开的 Web 网页的集合。
- 通常 Web 网页都是使用 HTML 文件创建而成的。
- 浏览 Web 网站的过程是指在 Web 浏览器和 Web 服务器应用程序之间传输 Web 网页文件的过程。

» 制作 Web 网页

Web 网页是用 HTML 文件制作的

创建 Web 网页 HTML 文件中的 HT 是取 Hyper Text（超文本）的首字母缩写。超文本是指可以通过关联多个文档的方式来相互引用的文档（图 4-3）。而 HTML 中的 ML 则是 Markup Language 的缩写，一般是指标记语言。标记语言是一种用于明确表示文档结构的语言。使用标记语言**明确了文档标题、标题、段落、项目符号、引用其他文档等结构之后，就可以很轻松地使用计算机分析句子的结构**。

HTML 标签决定了网页的外观

HTML 通常需要使用 **HTML 标签**来决定文档结构、链接、字体大小和字体类型等网页的外观。HTML 标签中包含开始标签和结束标签，一般是将这两种标签配套使用的。其中，开始标签使用“< >”将文档的元素括起来，而结束标签则使用“</ >”将元素括起来。使用开始标签和结束标签将元素括起来的做法称为做标记。标签是指记号的意思。

例如，“大家要不要一起学习网络呀？”这一标题的 HTML 标签就是通过下面这样的方式实现的。

<title> 大家要不要一起学习网络呀？ </title>

在这种情况下，使用开始标签 <title> 和结束标签 </title> 围起来的“大家要不要一起学习网络呀？”就是标题元素。由于已经对“这一文档的标题是‘大家要不要一起学习网络呀？’”进行了标记，因此 Web 浏览器的窗口和标签页的部分就会显示“大家要不要一起学习网络呀？”（图 4-4）。

图 4-3 超文本

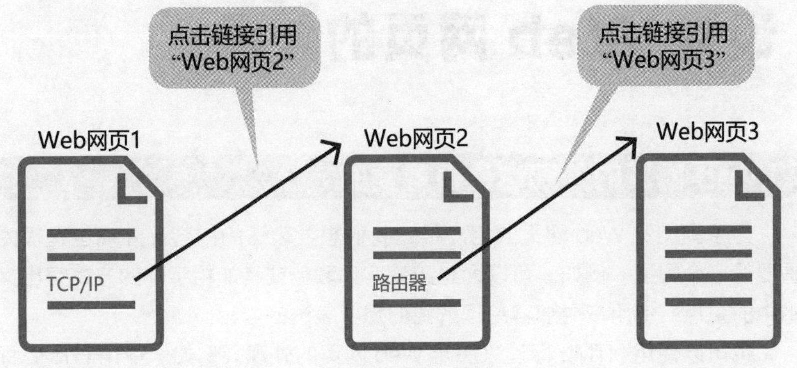

图 4-4 HTML 标签示例

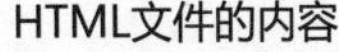

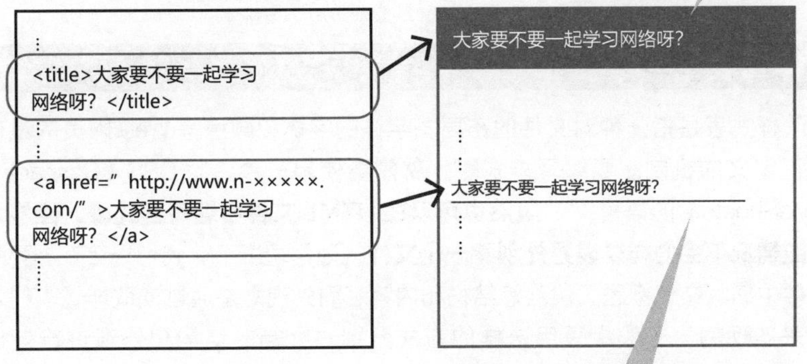

知识点

- 创建 HTML 文件需要使用 HTML 语言。
- HTML 标签决定了文档的结构、链接和网页的外观。

» 设计 Web 网页的外观

Web 网页的外观也是很重要的

为了向浏览 Web 网页的用户传达我们想要表达的内容，外观也是极为重要的一个因素。例如，可以通过改变字体颜色或者加粗字体的方式突出文本中的重点，使用户更加容易理解我们想要表达的内容。

也可以使用 HTML 标签来决定 Web 网页的外观。例如，使用 HTML 标签的 font 元素，就可以决定字体的类型和大小。不过，每次都要指定字体也是非常麻烦的。

由于 Web 网站是由多个 Web 网页（HTML 文件）构成的，因此在变更字体时必须对所有的 Web 网页进行修改。可想而知，这一处理是相当耗费时间的。因此，通常情况下，都会采用在**样式表**中单独定义字体等文件外观的方式来简化处理。

样式表

样式表是指一种对文件的布局、字符的字体和颜色等 Web 网页的设计进行定义的机制。要编写样式表，就需要使用一种名为 CSS（Cascading StyleSheets）的语言[※1]。**虽然也可以在 HTML 文件中编写样式表，但是大多数情况下会为样式表另外创建一个文件**。通常情况下，我们只会在 HTML 文件中编写文档标题、段落等结构和内容，而外观则是通过读取样式表的方式来实现的，一般会采用这样的方式分别对文档的结构和外观进行处理（**图 4-5**）。

使用样式表，可以轻松修改 Web 网页的设计。Web 网页除了主要内容之外，还包括页眉、页脚和菜单等内容。当需要对构成 Web 网页的内容的布局进行修改时，就只需要修改样式表即可（**图 4-6**）。

※1 CSS 简称为样式表。

图4-5 样式表概要

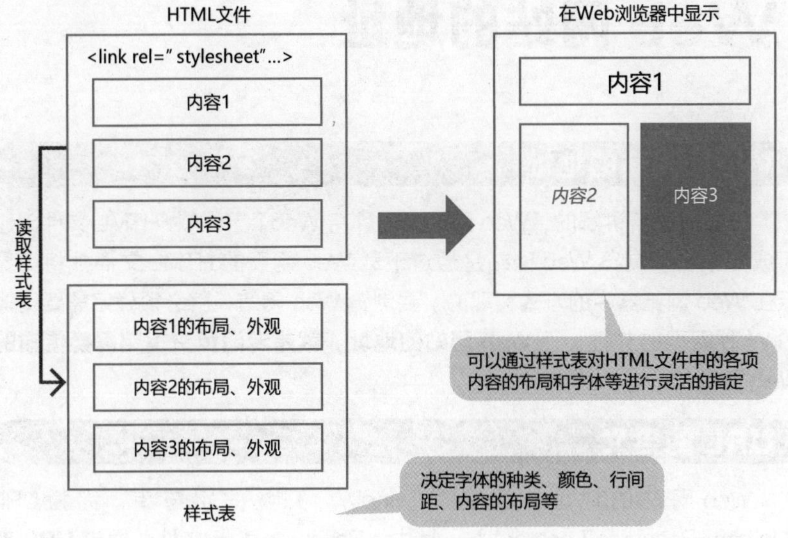

图4-6 网页设计的变更示例

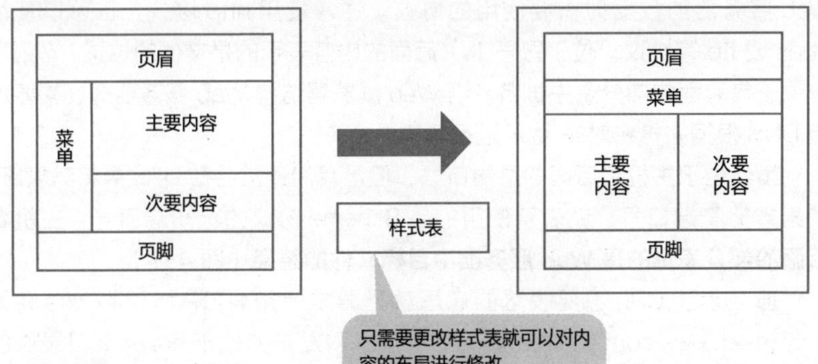

知识点

- 样式表决定了 Web 网页的设计式样。
- 使用样式表可以轻松修改 Web 网页的设计风格。

» Web 网站的地址

Web 网站的地址

正如前面所讲解的，Web 网站是一种将 Web 网页作为 HTML 文件创建而成的集合。浏览 Web 网站是通过下载 Web 网页的 HTML 文件并将其显示在 Web 浏览器中的方式实现的。要浏览 Web 网站，就必须确定需要传输的 Web 网页的文件。而 **Web 网站的地址，就是专门负责指定需要传输的 Web 网页的**。

URL 的含义

Web 网站的地址主要是以"http://"开头的字符串，称为 URL（Uniform Resource Locator）※1。其中，Resource 表示文件，通过 **URL 来指定需要传输的文件**。

URL 一般是以 http://www.n- ×××××.com/network/index.html 这样的方式显示的。其中，开头的 http 称为 **Scheme**，是一种在 Web 浏览器访问 Web 服务器的数据时需要使用的协议。通常使用 http 协议，也可以使用 https 或 ftp 等协议。位于冒号（:）后面的内容表示的是文件的位置，// 则表示位于其后面的部分是主机名。当 Web 浏览器访问 Web 服务器时，需要使用 DNS 根据主机名对 IP 地址进行解析。

虽然位于主机名后面的是端口号，但是我们通常会在 URL 中将其省略。如果省略了端口号，就表示使用的是 Scheme 协议的已知端口号。**主机名后面的部分表示的是 Web 服务器中目标文件的路径**（**图 4-7**）。

那么上述 URL 想要表达的意思就是要求使用 HTTP 协议将一台名为 www.n-×××××.com 的 Web 服务器在互联网发布的位于 network 目录中的名为 index.html 的文件传输。

※1 虽然其正式名称为 URI（Uniform Resource Identifier），但是 URL 这一术语被广泛使用。

图4-7 URL 示例

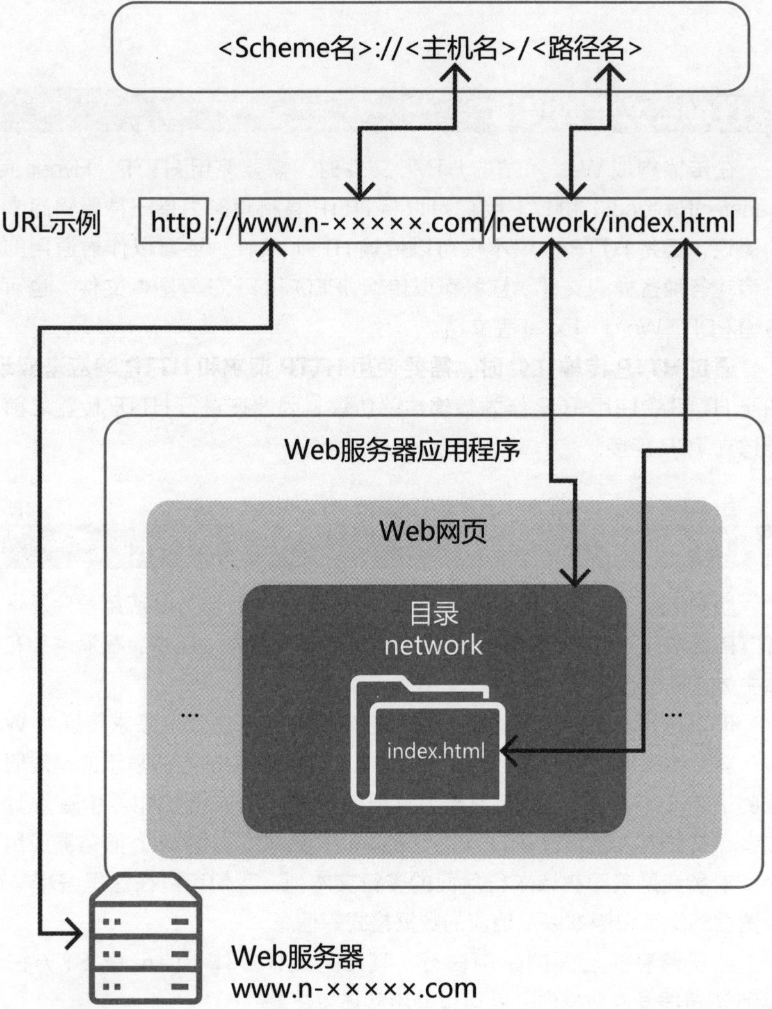

知识点

- Web 网站的地址通常被称为 URL。
- URL 表示的是需要传输的 Web 服务器及其文件的位置。

请求 Web 网站的文件

HTML 文件的传输

在传输构成 Web 网站的 HTML 文件时，需要使用 **HTTP**（Hyper Text Transfer Protocol）协议。我们可以将 HTTP 直接理解为是一种传输超文本的协议。但是 HTTP 协议不仅可以传输 HTML 文件，还可以作为通用的协议传输各种各样的文件。它既可以传输 JPEG 和 PNG 等图像文件，也可以传输 PDF、Word、Excel 等文档。

通过 HTTP 传输文件时，需要使用 HTTP 请求和 HTTP 响应来实现。由于 HTTP 会使用 TCP 作为传输层的协议，因此在进行 HTTP 传输之前需要建立 TCP 连接。

HTTP 请求

通常情况下，我们可以将从 Web 浏览器向 Web 服务器应用程序发送的 **HTTP 请求**分为请求行、消息头和实体主体 3 个部分。其中，在消息头和实体主体之间会存在一个空白行（**图 4-8**）。

请求行是 HTTP 请求的第一行，它负责将实际的处理需求传递给 Web 服务器。请求行是由方法、URI 和版本构成的。其中的方法表示的是对服务器的请求（**表 4-1**）。**GET 是最为常用的方法**。在 Web 浏览器中输入 URL 或者点击链接，就可以将 GET 方法的 HTTP 请求发送给 Web 服务器应用程序。**消息头**是紧跟在请求行后面的多行文本列。我们可以在这里编写 Web 浏览器的类型和版本以及相应的数据格式等信息。

位于消息头后面的是空白行，其后是实体主体。使用 POST 方法从 Web 浏览器发送数据时，就可以使用**实体主体**。

图4-8 HTTP 请求的格式

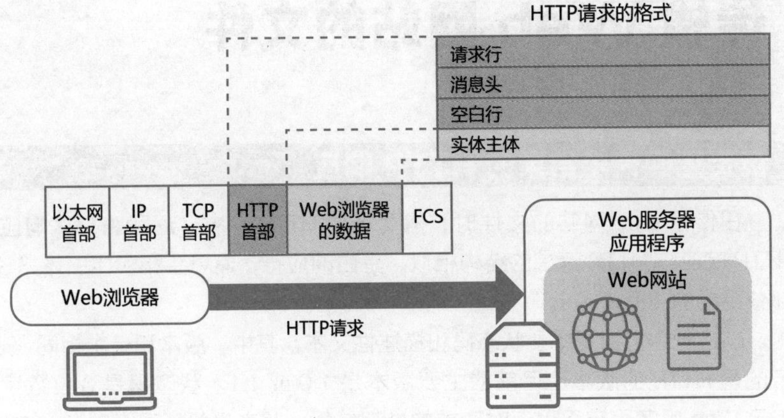

表4-1 主要的 HTTP 方法

方 法	含 义
GET	获取 URI 指定的数据
HEAD	仅获取 URI 指定的数据的首部
POST	向服务器发送数据
PUT	向服务器发送文件
DELETE	请求删除服务器上的文件
CONNECT	通过代理服务器进行通信

知识点

- 可以使用 HTTP 协议在 Web 浏览器和 Web 服务器应用程序之间传输 Web 网页的文件。
- 在进行 HTTP 传输之前，需要先在 Web 浏览器和 Web 服务器应用程序之间建立 TCP 连接。
- 使用 HTTP 请求可以要求 Web 浏览器向 Web 服务器应用程序传输文件。

» 传输 Web 网站的文件

负责返回请求结果的 HTTP 响应

在传输 Web 网站的文件时，需要针对 HTTP 请求，返回 **HTTP 响应**。HTTP 响应与 HTTP 请求的结构相似，是由响应行、消息头和实体主体 3 个部分组成的（**图 4-9**）。

响应行中包括版本、状态码和描述性文本。其中，**版本**和请求相同，表示的是 HTTP 的版本，目前的主要版本是 1.0 或 1.1。**状态码**是 3 位数字，表示 Web 服务器应用程序对请求的处理结果。状态码包括很多种类，由百位来确定其大致的含义，见表 4-2。

描述性文本是指一种简单地描述状态码含义的文本（**表 4-2**）。**Web 服务器应用程序返回的最常见的状态码是 200**。状态码 200 表示请求已被正常处理。如果请求被正常处理了的话，Web 浏览器中就会显示请求的内容，因此，用户很少看到状态码 200 本身。

404 应该是任何一位使用 Web 浏览器的用户都曾看到过的状态码。如果输入了错误的 URL 或者 Web 网页已被删除，Web 服务器就会返回状态码 404。当接收到状态码 404 时，Web 浏览器就会显示“无法找到该网页”。当需要通过 Web 服务器应用程序将更加详细的信息传递给 Web 浏览器时，就需要使用消息头。例如，可以在其中注明数据格式和更新的日期。

在消息头的后面会有一个用于分隔的空白行，在空白行的后面则是实体主体。实体主体中包含着应当返回给 Web 浏览器的数据。**返回给 Web 浏览器的数据主要是 HTML 文件**。

图 4-9 **HTTP 响应的格式**

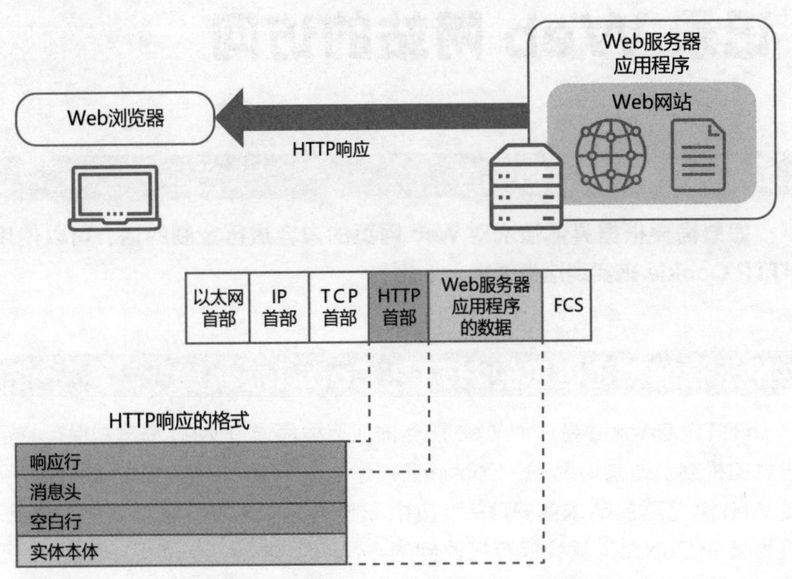

表 4-2 **主要的 HTTP 状态码**

状态码的值	含 义
1xx	信息。告知有增加的信息
2xx	成功。告知服务器已经处理了请求
3xx	重定向。要求重新请求其他的 URI
4xx	客户端错误。告知请求有问题，无法进行处理
5xx	通服务器错误。告知服务器存在问题，无法进行处理

知识点

- 服务器会根据接收到的 HTTP 请求返回相应的 HTTP 响应结果。
- HTTP 响应中包含必须传输的文件。
- 如果文件太大，就需要依靠 TCP 协议对其进行分割传输。

» 记录 Web 网站的访问

定制 Web 网页的内容

如果需要根据具体情况对 Web 网页的内容进行定制的话，可以使用 HTTP Cookie 来实现这类处理。

用于存储特定信息的 HTTP Cookie

HTTP Cookie 是一种 Web 服务器应用程序通过 Web 浏览器保存特定信息的机制。通常情况下，Cookie 会被包含在 Web 服务器应用程序用于回复 Web 浏览器的请求的 HTTP 响应中一起发送[※1]。如果将 Web 浏览器设置为接受 Cookie，就会保存接收到的 Cookie。之后在访问同一个 Web 网站时，HTTP 请求中就会自动包含 Cookie（**图 4-10**）。**使用 Cookie，Web 服务器就可以对用户的登录信息和网站内的 Web 网页的浏览历史进行管理**。除此之外，还可以使用 Cookie 为访问的用户定制 Web 网页的内容。例如，在购物网站中显示推荐的商品。当用户查看了某个商品信息之后，该信息就会作为 Cookie 保存在 Web 浏览器中。之后，当用户再次访问该网站时，Web 浏览器就会读取 Cookie，将用户上次查看的商品的相关信息作为推荐显示出来。

尝试查看 Cookie 的内容

我们可以通过下列步骤查看保存在 Web 浏览器中的 Cookie。

❶ 在地址栏中输入 chrome://settings/content/cookies。
❷ 打开“查看所有 Cookie 和网站数据”（**图 4-11**）。
❸ 点击每个 Web 网站（Web 服务器）中保存的 Cookie。

※1 Cookie 的信息包含在 HTTP 首部。

图4-10 **Cookie 概要**

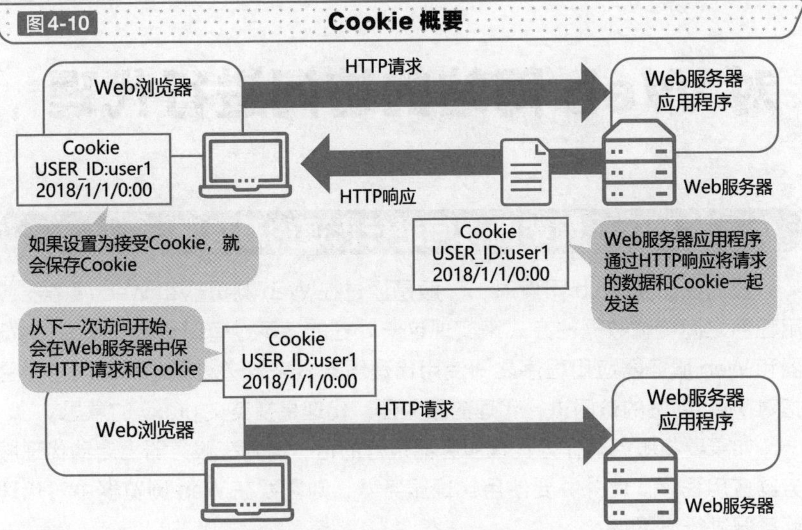

图4-11 **查看 Chrome Cookie**

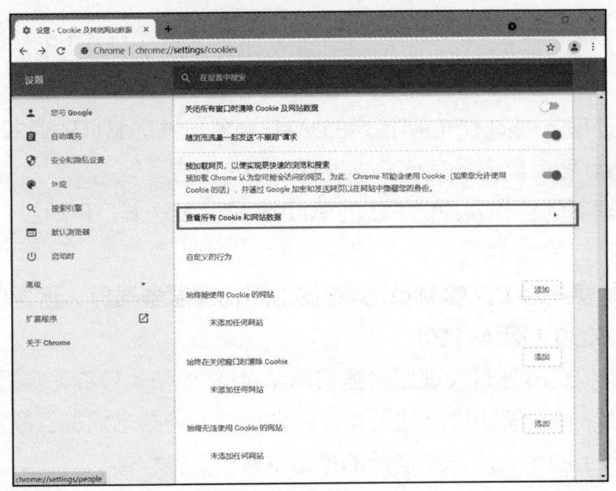

※ 为方便读者理解，此图特地改为中文界面。

知识点

✐HTTPCookie 是一种 Web 服务器应用程序通过 Web 浏览器保存特定信息的机制。

✐可以使用 Cookie 实现 Web 网页内容的定制。

» 对 Web 网站的访问进行代理

负责对 Web 网站的访问进行代理的服务器

我们在浏览 Web 网页时，一般是通过在 Web 浏览器和 Web 服务器应用程序之间传输数据的方式来实现这一处理的，不过有时也会在 Web 浏览器和 Web 服务器应用程序之间使用**代理服务器**来发送数据。代理服务器是指对 Web 网站的访问进行代理的服务器。代理是指英文 proxy 的意思。

如果要将服务器作为代理服务器运行的话，需要在服务器上启动代理服务器应用程序。此外，要使用代理服务器，则需要在 Web 浏览器中对代理服务器进行设置。

我们可以根据下列步骤通过代理服务器进行 Web 访问。

❶ 在客户端 PC 的 Web 浏览器中输入 URL，就可以向代理服务器发送 HTTP 请求。

❷ 从代理服务器向 URL 所指定的 Web 服务器发送 HTTP 请求。

❸ 从 Web 服务器向代理服务器发送 HTTP 响应。

❹ 从代理服务器向客户端 PC 的 Web 浏览器发送 HTTP 响应。

另外，**从客户端 PC 的 Web 浏览器访问代理服务器时，通常都会使用 TCP 端口号 8080**（图 4-12）。

此外，类似这样通过代理服务器访问 Web 的做法也被称为穿透或穿墙。这是因为 proxy 可以解决内网地址与公网地址的服务器之间的互联问题。我们经常会在网上的个人用户所使用的论坛中看到这类称谓。

图4-12 通过代理服务器访问 Web

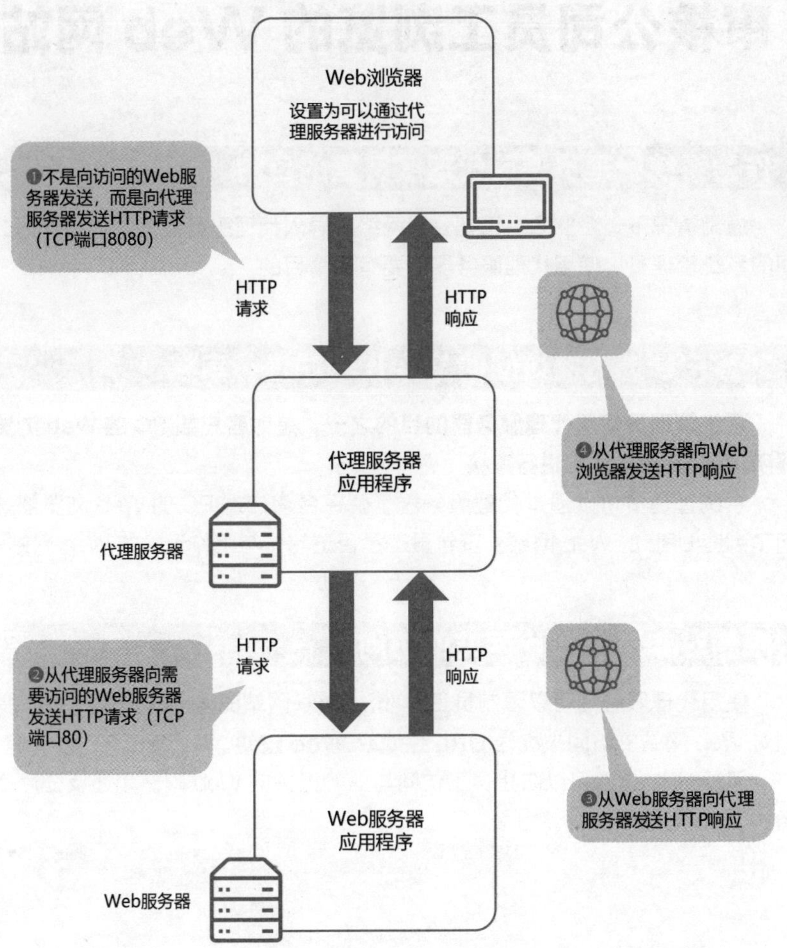

知识点

- 代理服务器是对 Web 访问进行代理的服务器。
- 如果使用代理服务器，那么对于 Web 服务器来说，访问的对象就是代理服务器，无法知道真正的访问对象是谁。

审核公司员工浏览的 Web 网站

作为系统管理员使用代理服务器的目的

通常情况下，企业会采用在公司网络中导入代理服务器的做法。作为公司的系统管理员，使用代理服务器主要有两个目的。

对客户端浏览器访问的 Web 网站进行审核

系统管理员使用代理服务器的目的之一，是对客户端 PC 的 Web 浏览器所访问的 Web 网站进行审核（**图 4-13**）。

系统管理员可以通过代理服务器了解每台客户端 PC 的 Web 浏览器访问了哪些 URL 的 Web 网站，查看员工是否访问了与工作无关的 Web 网站。

限制对非法 Web 网站的访问

使用代理服务器可以限制员工对非法 Web 网站的访问（**图 4-14**）。限制对 Web 网站的访问被称为 **URL 过滤**或 **Web 过滤**。

通过 URL 过滤可以防止员工访问与业务无关的 Web 网站和违反公序良俗的 Web 网站。

图4-13 通过代理服务器对访问的 Web 网站进行审核

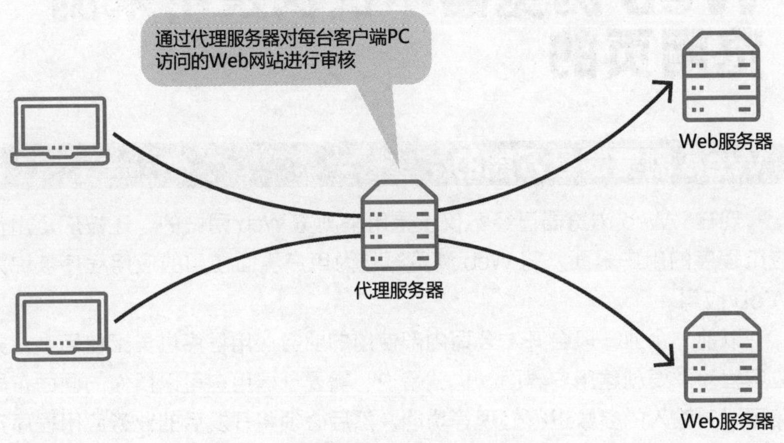

图4-14 限制对非法 Web 网站的访问

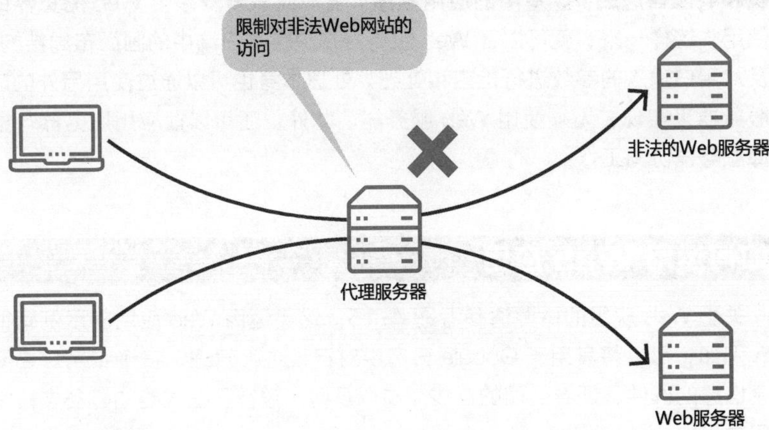

知识点

公司系统管理员导入代理服务器的主要目的如下：

- 对客户端所访问的 Web 网站进行审核。
- 限制客户端对非法 Web 网站的访问。

» Web 浏览器不仅仅是用来浏览网页的

Web 浏览器是万能的

现在，Web 浏览器已经不仅仅是用来浏览 Web 网站的，还被广泛用作应用程序的用户界面。将 Web 浏览器作为用户界面使用的应用程序被称为 **Web 应用**。

以前，企业一般会开发公司内部使用的业务应用程序供员工使用。业务应用程序需要创建用户界面，也就是说，需要创建用户可以操作的画面布局和可以对输入的参数进行处理等功能。然后必须将开发后的业务应用程序安装到客户端 PC。此外，要使大量员工所使用的客户端 PC 的业务应用程序时常保持为最新版本也是一个极大的负担。

另外，由于 Web 应用可以将 Web 浏览器作为用户界面使用，因此**无须开发和安装客户端 PC 专用的应用程序**。客户端只要安装了 Web 浏览器即可使用。这样一来，就可以在 Web 服务器端决定客户端中的画面布局结构，以及对用户输入的参数进行检查和处理。处理本身也可以通过使用另外的应用服务器来实现，无须使用 Web 服务器。此外，还可以让应用服务器与**数据库服务器**协同工作。

如何运用 Web 应用

关于 Web 应用的概要请参考**图 4-15**。这类运用 Web 应用的示例有很多，例如，可以将其用于 Google 日历中对日程进行管理、在多个用户之间共享信息的群件、证券公司的在线交易以及网上银行和在线购物等各类日常应用中。

图4-15 **Web 应用概要**

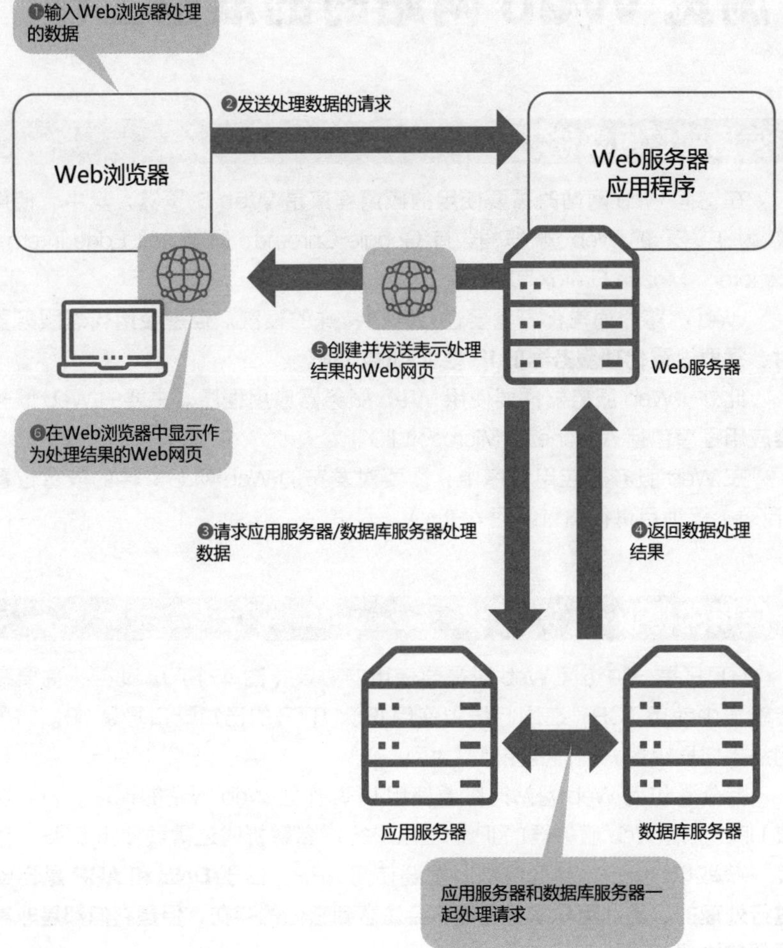

知识点

- Web 应用是将 Web 浏览器作为用户界面使用的应用程序。
- 将 Web 浏览器作为用户界面使用，就无须为客户端 PC 安装或更新专用的应用程序。

» 浏览 Web 网站时的准备工作

使用的应用软件

在访问 Web 网站时需要使用的应用程序是 **Web 浏览器**。其中，使用较为广泛的 Web 浏览器有 Google Chrome、Microsoft Edge/Internet Explorer、Mozilla Firefox 和 Apple Safari。

Web 浏览器通常都不需要进行任何特殊的设置。**但是使用代理服务器时，需要设置代理服务器的 IP 地址和端口号**。

此外，Web 服务器需要使用 **Web 服务器应用程序**。主要的 Web 服务器应用程序包括 Apache 和 Microsoft IIS。

在 Web 服务器应用程序中，需要对发布的 Web 网站文件的放置位置（目录）等项目进行设置（**图 4-16**）。

使用的协议

HTTP 是一种访问 Web 时需要使用的协议（**图 4-17**）。此外，需要在传输层中使用 TCP，在网际层中使用 IP。HTTP 的已知端口号是 80。如果网络接口层较多，则需要使用以太网。

另外，访问 Web 网站时需要使用 URL 作为 Web 网站的地址。为了从该 URL 获取 Web 服务器的 IP 地址以进行域名解析时还需要使用 DNS。另外，获取以太网的 MAC 地址时需要使用 ARP。**由于 DNS 和 ARP 是自动进行处理的，因此用户本身可能不会注意到它们的存在，但是它们都是非常重要的协议**。

图4-16　访问 Web 网站时使用的应用程序

图4-17　访问 Web 网站时使用的协议

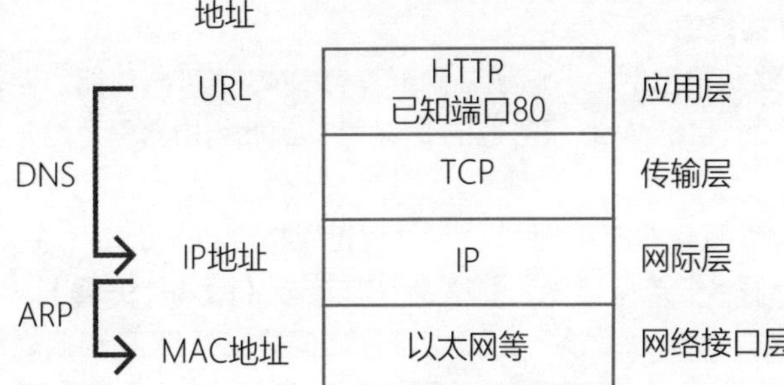

知识点

- 实现 Web 访问的一大前提是正确地设置 TCP/IP。
- 访问 Web 时需要使用的应用程序是 Web 浏览器和 Web 服务器应用程序。
- 访问 Web 时需要使用的协议是 HTTP/TCP/IP 的组合协议。此外，还需要使用 DNS 和 ARP。

» 浏览 Web 网站时执行的处理

浏览 Web 网站时执行的处理

我们已经讲解过，在浏览 Web 网站时，需要发送 **HTTP 请求和 HTTP 响应**，实际上，在进行这些处理之前，需要执行 **DNS 的域名解析**和 ARP 的地址解析的处理。此外，还需要建立 TCP 的连接。接下来，我们将以一个简单的网络结构为例，对浏览 Web 网站时执行 DNS、ARP、TCP 等处理进行讲解。

在浏览 Web 网站时，我们需要在 Web 浏览器中输入 URL（**图 4-18-❶**），或者点击 Web 网页的链接。

然后，必须在 TCP/IP 中指定 IP 地址。需要根据 URL 中包含的 Web 服务器的主机名向 DNS 服务器询问信息，并对 Web 服务器的 IP 地址进行解析（**图 4-18-❷**）。

在向 DNS 服务器发送查询请求时，为了获取以太网的 MAC 地址，还需要执行 ARP 的处理。

在下列网络结构示例中，假设路由器具有 DNS 服务器功能。但是由于路由器本身并没有目标 Web 服务器的 IP 地址，因此路由器需要进一步询问 DNS。

获取了 Web 服务器的 IP 地址之后，就可以指定该 IP 地址，并在 Web 浏览器和 Web 服务器应用程序之间建立 TCP 连接（**图 4-19-❶**）。

在 Web 浏览器和 Web 服务器应用程序之间建立好 TCP 连接之后，就可以发送 HTTP 请求和 HTTP 响应（**图 4-19-❷**）。这样一来，包含了在 Web 浏览器中指定的 URL 的 HTTP 请求（GET 方法），就会被发送给 Web 服务器应用程序。

接收到 HTTP 请求的 Web 服务器应用程序则会将被请求的 Web 网页文件作为 HTTP 响应返回给 Web 浏览器。Web 浏览器**将经过 TCP 分割成多个部分的 Web 网页的文件重组，并将该文件内容显示到 Web 浏览器中，就可以让用户浏览 Web 网站的内容**。

图4-18 **Web 服务器的域名解析**

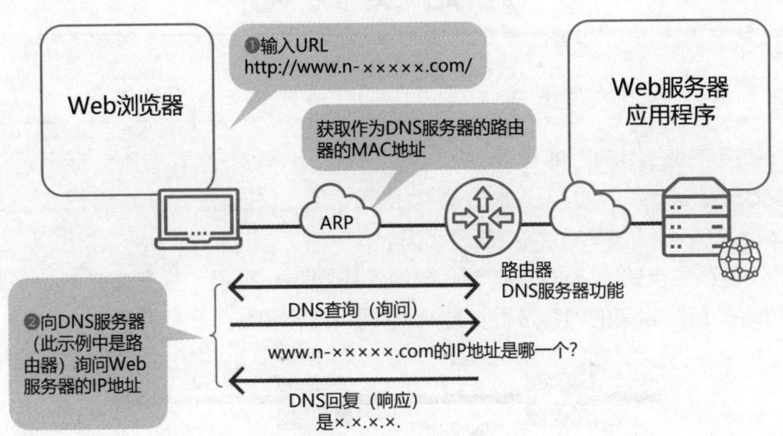

图4-19 **HTTP 请求和 HTTP 响应**

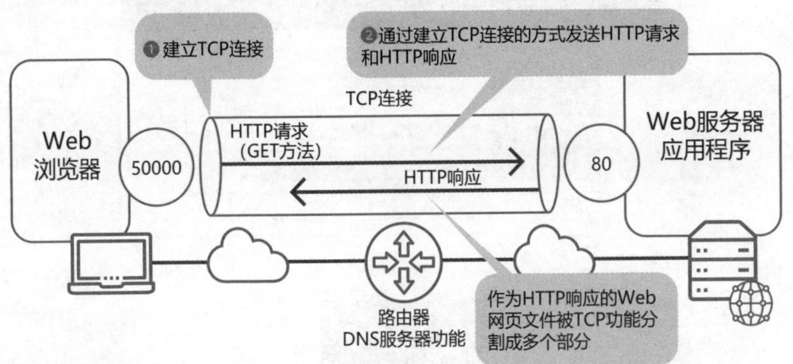

知识点

- 浏览 Web 网站时需要进行 DNS 的域名解析处理和 ARP 的地址解析处理。
- 浏览 Web 网站的流程如下：
  ❶ 在 Web 浏览器中输入 URL。
  ❷ 解析 Web 服务器的 IP 地址。
  ❸ 建立 TCP 连接。
  ❹ 发送 HTTP 请求和 HTTP 响应。

开始实践吧

查看Web网页的源代码

接下来，我们将显示Web网页的源代码并查看HTML标签。在GoogleChrome中显示任意的Web网页之后，右击选择“查看网页源代码”，即可显示该Web网页的源代码。

请在显示的Web网页的源代码中查找<title>标签，并查看被<title>和</title>包围起来的内容是否作为Web网页的标题显示在标签页中。

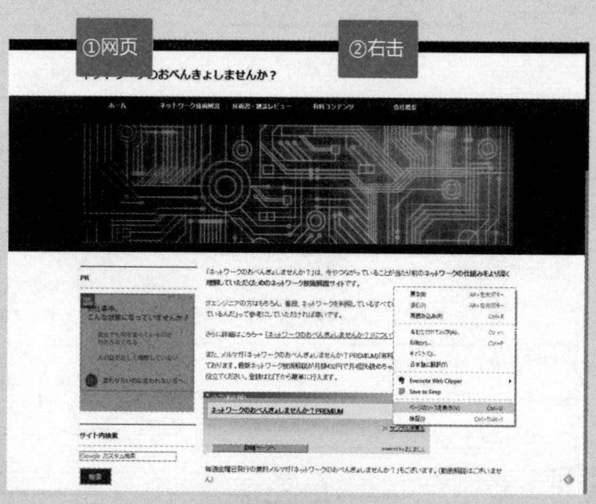

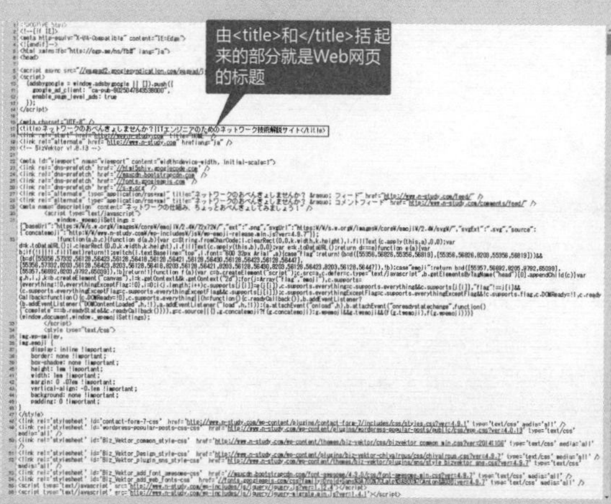

第5章

以太网与无线局域网——

优先在同一网络中传输数据

在同一网络中传输数据

距离服务器太远时怎么办

我们平时在使用手边的个人电脑或智能手机传输数据时，需要通过与服务器的应用程序发送和接收数据的方式来实现。但是服务器往往连接在远离个人电脑或智能手机的外部网络中。从技术角度来看，网络是指使用路由器或者三层交换机进行分隔的范围。而网络的基本结构则是指使用二层交换机构成的一个网络，并使用路由器或三层交换机将网络之间相互连接起来的结构。

在同一网络内部反复传输数据

当我们向连接在不同网络的服务器传输数据时，需要通过在同一网络中反复进行传输的方式实现。

从个人电脑发往服务器的数据首先会被传输到同一网络中的路由器。然后，该路由器再将数据转发到同一网络中的下一个路由器。当数据传输到与接收方相同网络中的路由器时，该路由器就会将数据转发给目标服务器（**图 5-1**）。

最常用的是以太网和无线局域网（Wi-Fi）

在同一网络中传输数据时，通常需要使用以太网和无线局域网（Wi-Fi）协议。在 TCP/IP 的分层结构中，以太网和无线局域网是位于最底层的网络接口层的协议（**图 5-2**）。

网络接口层的协议多种多样，在本章中将对常用的以太网和无线局域网进行讲解。

图5-1 **在同一网络中反复传输数据**

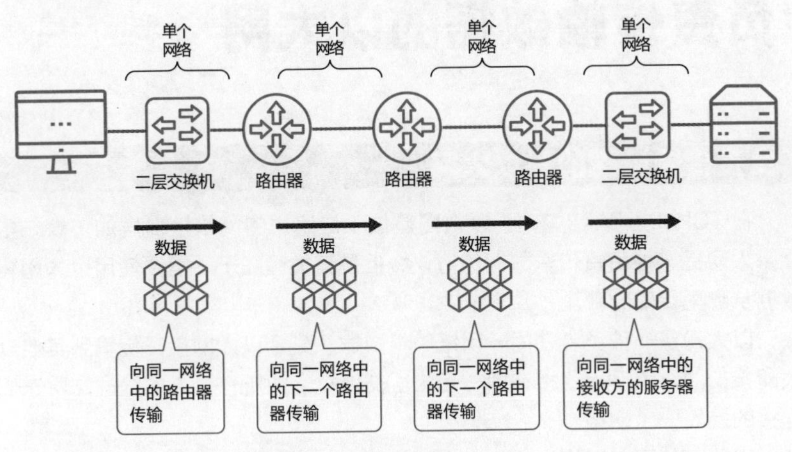

图5-2 **以太网、无线局域网的定位**

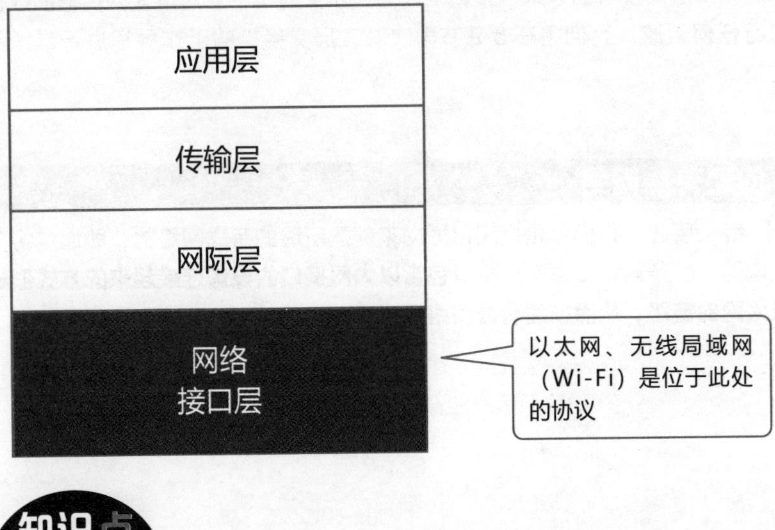

应用层
传输层
网际层
网络接口层

以太网、无线局域网（Wi-Fi）是位于此处的协议

知识点

- 不同网络之间的通信需要在同一网络中反复进行数据的传输来实现。
- 在同一网络中传输数据时常用的协议如下：
  - 以太网。
  - 无线局域网（Wi-Fi）。

》负责传输数据的以太网

负责传输数据的是以太网

在 TCP/IP 层次结构中，**以太网**是位于最底层的网络接口层的协议。虽然以太网是一种负责传输数据的协议，但是其关键在于“需要使用以太网将数据从哪里传输到哪里？”。

以太网是一种负责在同一网络中将数据从某个以太网接口传输到其他以太网接口的协议。而连接在同一台二层交换机上的所有个人电脑意味着它们连接的是同一个网络 ※1。

因此，从同一网络中的个人电脑的以太网接口向其他个人电脑的以太网接口传输数据时，需要使用以太网进行传输（**图 5-3**）。此时，在逻辑上可以忽略二层交换机的以太网接口。因为**二层交换机不会对以太网传输的数据进行任何更改**。我们将在 5-9 节再次对二层交换机的工作原理进行详细的讲解。

创建有线网络

综上所述，我们就是使用以太网来创建所谓的有线网络的，即通过将个人电脑、服务器和二层交换机等**包含以太网接口的设备连接起来的方式形成以太网的链路，从而创建有线网络**。

※1 如果是使用 VLAN 虚拟局域网功能的话，即使连接在同一台二层交换机中，也可以当作其他的网络进行处理。

图5-3 以太网的概要

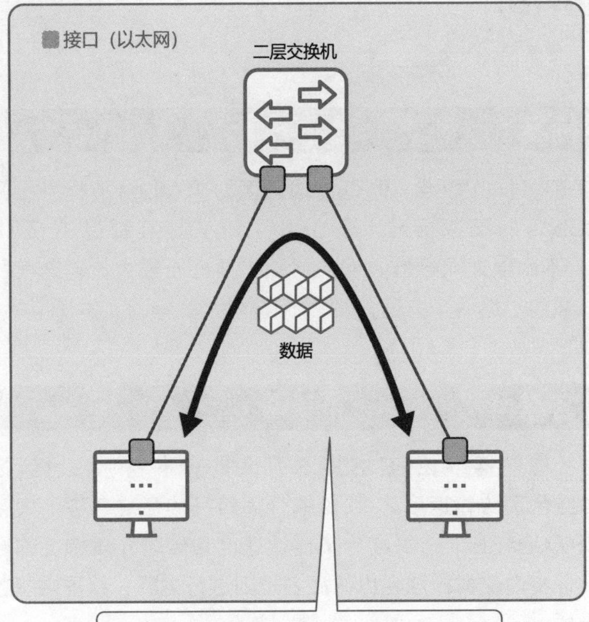

知识点

- 以太网是一种位于 TCP/IP 的网络接口层的协议。
- 以太网是一种负责在同一网络中的以太网接口之间传输数据的协议。

» 以太网标准

以太网有多种标准

以太网中存在多种多样的标准，既有传输速度为 10Mbps 的标准，又有传输速度为 100Gbps 的高速标准（**表 5-1**）。这些标准都是由 **IEEE 802 委员会**制定的。不同以太网标准之间的区别主要在于最大传输速度和所使用的传输介质（缆线）这两个方面。

以太网标准的名称

以太网标准的名称包括以 **IEEE 802.3** 开头的标准名称，也包括 **1000BASE-T** 这类结合了传输速度[※1]和传输介质特征的标准名称。大家应该经常可以看到 1000BASE-T 这类结合了传输速度和传输介质特征的标准名称。接下来，我们将对这类标准名称的命名规则进行讲解，着重讲解的是传输速度和传输介质。

首先，**标准名称中开头的数字表示的是传输速度**。基本上传输速度是以 Mbps 为单位的。1000 表示 1000Mbps，也就是表示传输速度为 1Gbps 的以太网标准。此外，BASE 表示基带传输方式。目前用于实际传输的只有基带传输方式这一种方式。

位于“-”之后的字母则表示传输介质或物理信号的转换特征。从**图 5-4** 中可以看到这个部分有多种表示方式，这里只要知道 T 表示的是使用 UTP 缆线作为传输介质就可以了。UTP 缆线就是所谓的局域网网线，是一种最常用的传输介质（**图 5-4**）。

此外，在早期的以太网标准中，位于 BASE 后面的内容是用数字标示的。该数字表示使用同轴缆线作为传输介质，以 100m 为单位的缆线的最大长度。

※1 传输速度是指将数据转换为物理信号进行传输的最大速度。

表5-1 **主要的以太网标准**

标准的名称		传输速度	传输介质
IEEE 802.3	10BASE5	10Mbps	同轴缆线
IEEE 802.3a	10BASE2		同轴缆线
IEEE 802.3i	10BASE-T		UTP 缆线（三类线或更高）
IEEE 802.3u	100BASE-TX	100Mbps	UTP 缆线（五类线或更高）
	100BASE-FX		光纤缆线
IEEE 802.3z	1000BASE-SX	1000Mbps	光纤缆线
	1000BASE-LX		光纤缆线
IEEE 802.3ab	1000BASE-T		UTP 缆线（5e 类或更高）
IEEE 802.3ae	10GBASE-LX4	10Gbps	光纤缆线
IEEE 802.3an	10GBASE-T		UTP 缆线（6A 类或更高）

图5-4 **以太网标准名称的命名规则**

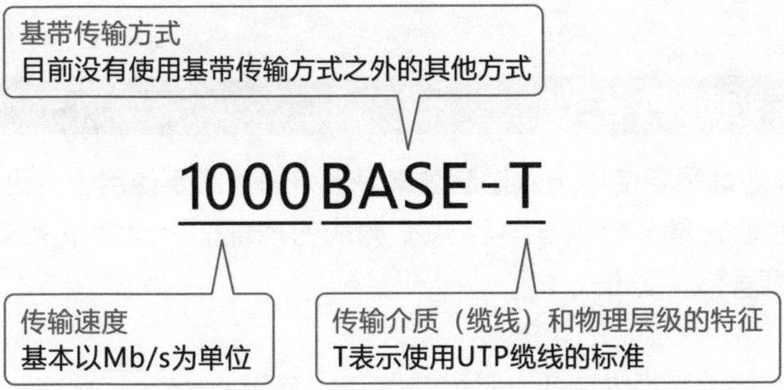

基带传输方式
目前没有使用基带传输方式之外的其他方式

1000BASE-T

传输速度
基本以Mb/s为单位

传输介质（缆线）和物理层级的特征
T表示使用UTP缆线的标准

知识点

- 以太网中存在多种多样的标准。
- 以太网标准中制定了 1000BASE-T 这类表示传输速度和传输介质的特征的标准名称的命名规则。

» 接口是哪个

识别接口

由于以太网是一种负责在以太网接口之间传输数据的协议，因此在传输数据时必须指定使用哪个以太网接口。而要指定使用哪个以太网接口就需要使用 **MAC 地址**。

MAC 地址是什么

MAC 地址是一种用于识别以太网接口的 48 位的地址。在 48 位的 MAC 地址中，前面的 24 位是 OUI，后面的 24 位是序列号。OUI[※1] 是指以太网接口的制造商（厂商）的识别码。

序列号则是分配给每家制造商的识别号码。**MAC 地址是需要预先为以太网接口分配的，原则上是不可变更的**，有时物理地址或硬件地址。

MAC 地址的格式

MAC 地址需要使用十六进制数来表示。由于需要使用十六进制数，因此 MAC 地址就是一个由 0~9 和 A~F 构成的地址。它包括下列多种格式，请注意不要弄错（**图 5-5**）。

- 将每个字节转换为十六进制数并用“-”分隔。
- 将每个字节转换为十六进制数并用“:”分隔。
- 将每两个字节转换为十六进制数并用“.”分隔。

※1 关于 OUI 的详细内容，请参考相关网站（网址见下载的电子文档）。

图5-5 **MAC 地址**

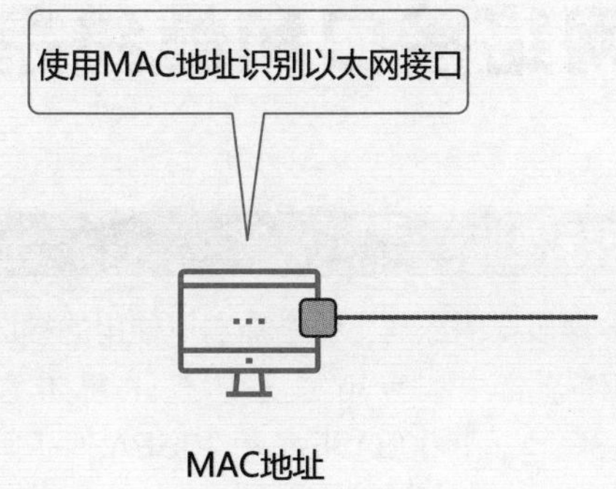

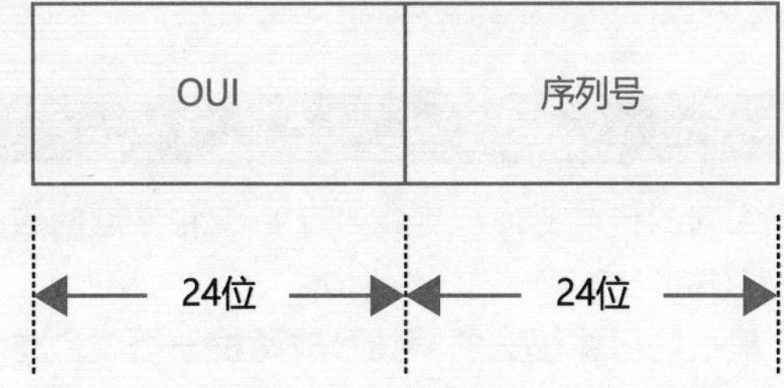

MAC地址的格式

00-00-01-02-03-04（每个字节用“-”分隔）

00:00:01:02:03:04（每个字节用“:”分隔）

0000.0102.0304（每两个字节用“.”分隔）

知识点

- 可以使用 MAC 地址指定以太网接口。
- 48 位的 MAC 地址是由前半部分 24 位的 OUI 和后半部分 24 位的序列号组成的。
- MAC 地址是使用十六进制数表示的。

» 常用的网络接口和缆线是什么

常用的以太网标准

以太网中包括多种多样的标准，每个标准可使用的接口和缆线也有所不同。在各种以太网标准中，应用最为广泛的标准包括**表 5-2** 中的 10BASE-T、100BASE-TX、1000BASE-T 和 10GBASE-T 等标准。

这些标准都采用了 **RJ-45 的以太网接口和 UTP 缆线**。

UTP 缆线

UTP 缆线作为以太网的传输介质已经得到了广泛和普遍的应用。所谓的局域网网线就是指 UTP 缆线。

UTP 缆线是由 8 根被绝缘体覆盖的铜线分成两根一组绞合成 4 组缆线构成的。这种将铜线扭绞在一起的方式可以抑制噪声信号的影响。一般会根据缆线的质量对 UTP 缆线进行分类。从表 5-2 可以看到，每种缆线类型可支持的频率不同，并且对每种类型规定了缆线的用途和传输速度。

RJ-45 以太网接口

RJ-45 现在被广泛用作 UTP 缆线专用的以太网接口。它有 8 个端子与 UTP 缆线匹配，最多可形成 4 对承载电子信号（电流）的电路**（图 5-6）**。

表5-2　UTP 缆线的类型

类　型	最大频率	主要用途
1类	—	语音通信
2类	1MHz	低速数据通信
3类	16MHz	10BASE-T 100BASE-T2/T4 令牌环（4Mb/s）
4类	20MHz	包括到3类之前的功能 令牌环（16Mb/s） ATM（25Mb/s）
5类	100MHz	包括到4类之前的功能 100BASE-TX ATM（156Mb/s）
5e类	100MHz	包括到5类之前的功能 1000BASE-T
3类	250MHz	上面几类到5e类的功能 ATM（622Mb/s） ATM（1.2Gb/s）
6A类	500MHz	10GBASE-T

图5-6　RJ-45 的接口和 UTP 缆线

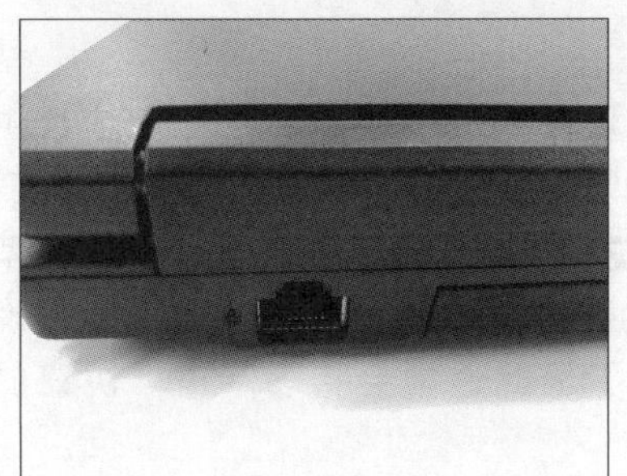

RJ-45 接口

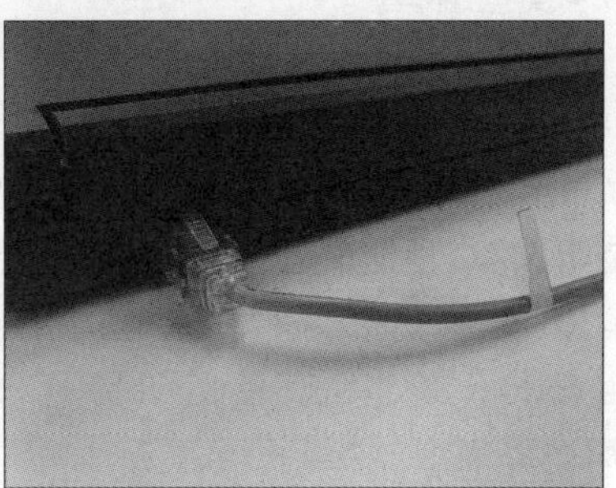

UTP 缆线

知识点

- 主流以太网标准采用的是 RJ-45 接口和 UTP 缆线。
- 根据缆线质量的不同，UTP 缆线可分为多种类型。

》数据的格式

以太网的“数据”

使用以太网传输数据时，需要在传输的数据中添加**以太网首部**。除了可以添加以太网首部之外，还可以添加 **FCS**。FCS 主要负责检查数据中是否存在错误。通常将由以太网首部、数据和 FCS 组合在一起的整个数据称为**以太帧**（**图 5-7**）。

重要的是 MAC 地址

以太网首部包含 3 种信息（**表 5-3**）。

- 接收方 MAC 地址。
- 发送方 MAC 地址。
- 类型编码。

其中，最重要的是接收方 MAC 地址和发送方 MAC 地址。回顾前面讲解过的内容，我们是使用以太网在以太网接口之间传输数据的。因此，需要**使用 MAC 地址来指定这是从哪个接口发送到哪个接口的数据**。此外，类型编码是指需要使用以太网传输的对象的数据，同时类型编码的数值是已经确定好的。由于现在使用的是 TCP/IP，因此通常会将表示 IPv4 协议的 0x0800 指定为类型编码。

需要将作为传输对象的数据的范围设置在 64~1500 字节。超过 MTU（最大传输单位）的数据会被分割成多个部分再进行传输。这类数据的传输通常都需要使用 TCP 实现。

此外，包含了以太网首部、数据部分和 FCS 的以太帧的大小为 64~1518 字节范围之内。

图5-7 以太帧

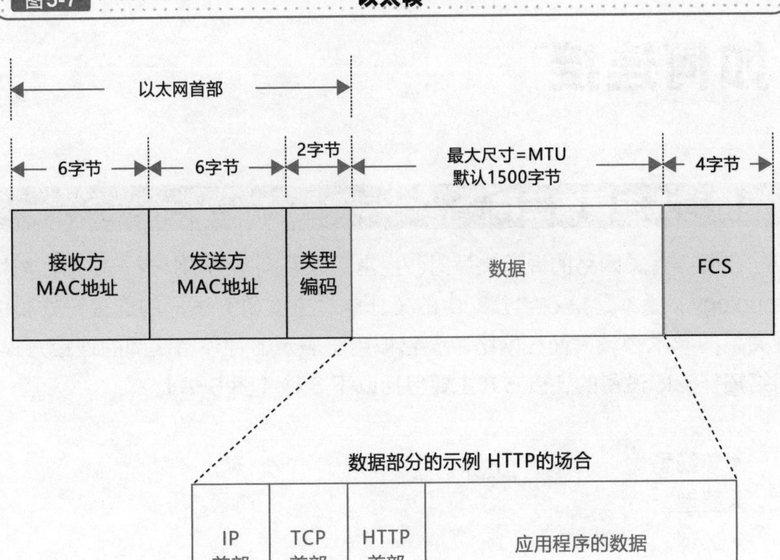

表5-3 以太网首部主要的类型编码值

类型编码	协　议
0x0800	IPv4
0x0806	ARP
0x86DD	IPv6

知识点

- 可以通过在以太网传输的数据中添加以太网首部和 FCS 的方式，将数据变成以太帧。
- 需要在以太网首部指定 MAC 地址，以指定这是从哪个接口发送到哪个接口的数据。

» 如何连接

连接方式主要有三种

在阅读有关网络的说明文章时，经常可以看到网络拓扑这一术语。**拓扑**（topology）原本是指数学分支中的拓扑学，主要研究图形的连接方式和位置关系的学术领域。而在网络中，它被用于表示各种设备之间的连接方式。网络拓扑，即设备的连接方式主要包括以下 3 种（**图 5-8**）。

- 总线型。
- 星型。
- 环型。

早期的以太网是总线型的

将同轴缆线作为传输介质的 10BASE 5 标准和 10BASE 2 标准以太网是总线型的网络拓扑。总线型的网络拓扑是一种将每台设备挂在一条传输介质上的连接方式。换句话说，**总线型的网络拓扑是指一种多台设备共享一个传输介质**的连接方式。因此，必须控制传输介质的共享方式。以太网是使用一种名为 CSMA/CD 的机制对传输介质的共享方式进行控制的（**图 5-9**）。

目前，连接方式已经从总线型网络拓扑**转变为以二层交换机为中心的星型网络拓扑**。但是在讲解非总线型网络时，经常会将以太网描述为总线型网络拓扑。

图 5-8 **主要的网络拓扑**

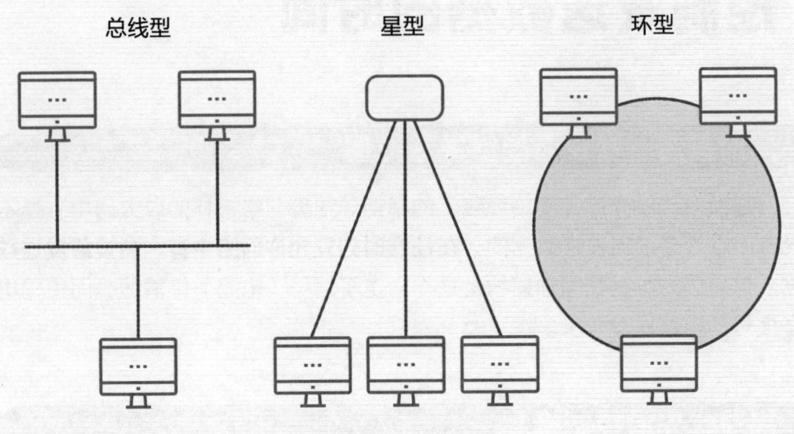

图 5-9 **共享传输介质**

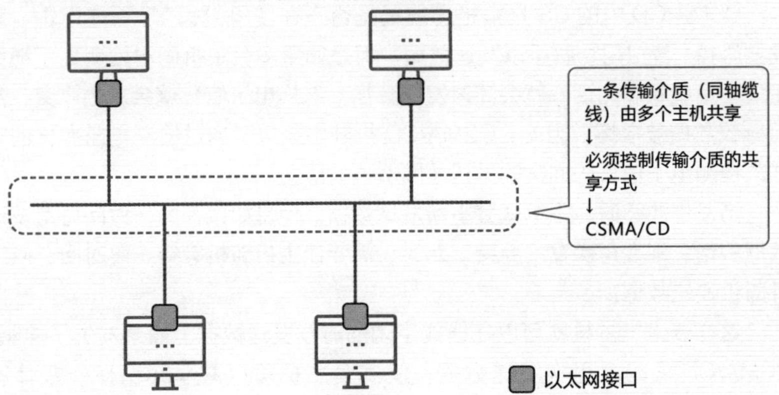

知识点

- 网络的连接方式称为网络拓扑。
- 早期的以太网是采用总线型网络拓扑共享传输介质的。

» 控制发送数据的时间

同时只有一台设备能够发送数据

在共享传输介质（同轴缆线）的早期总线型网络拓扑的以太网中，是不允许多台设备同时发送数据的。**在任意时刻只允许网络中有一台设备发送数据**。这是因为数据在同轴缆线上是作为电子信号（电流）传输的，而传输电子信号的电路只有一条。

高速优先的控制机制

CSMA/CD（载波侦听多路访问 / 冲突检测）是一种控制以太网如何使用传输介质并对传输介质进行共享的机制（**图 5-10**）。简单来讲，它是一种高速优先的机制。

CSMA/CD 中的 CS 是指检测缆线是否正在使用中：若正在使用中，就需要等待；若空闲，就可以发送数据。但是如果多台主机同时检测到了缆线正处于空闲状态的话，就会同时发送数据。这样电子信号就会发生冲突，从而导致数据被损坏。因此，CSMA/CD 机制中采用了通过检测电压变化的方式来检测电子信号的冲突的做法（**图 5-11**）。

当发生冲突时，主机就会重新发送数据。但是如果在同一时间再次发送数据的话，则会再次发生冲突。此时，需要让主机随机等待一段时间，以错开时机发送数据。

这样一来，主机就可以在缆线空闲的时候发送数据。如果发生了冲突，CSMA/CD 机制就再次发送数据，使多台主机可以共享或循环一条传输介质。

但是现在的以太网不再需要使用 CSMA/CD 了，因为它们并不是通过共享传输介质的方式传输数据的。

图5-10 CSMA/CD 的流程

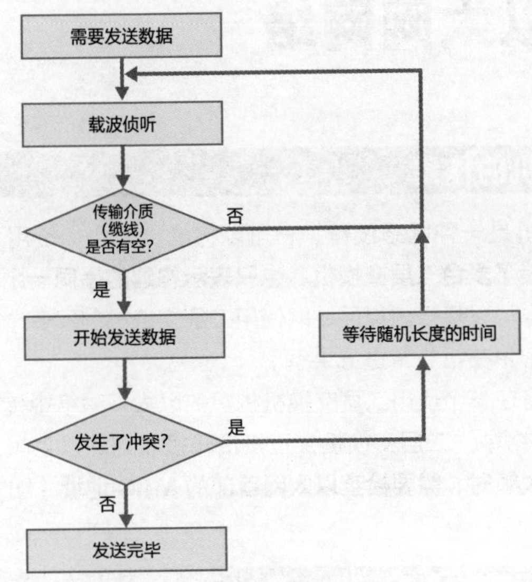

图5-11 发生冲突

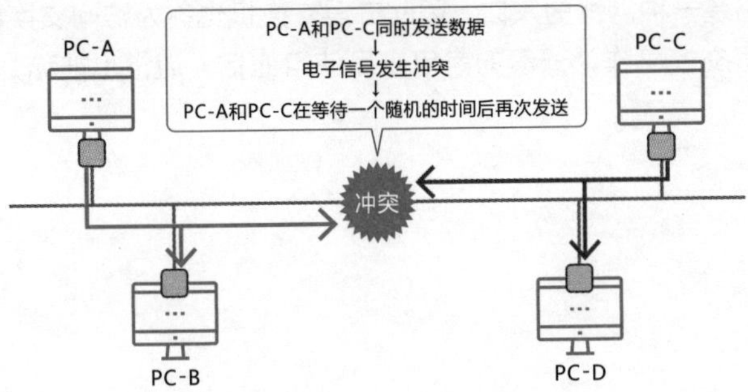

知识点

✐CSMA/CD 是一种高速优先的控制机制，只要缆线是畅通的就可以发送数据。

✐现在的以太网不再需要使用 CSMA/CD 了。

» 创建以太网网络

二层交换机的作用

二层交换机是一种网络设备，它可以构建“一个”使用了以太网的网络。**即便是连接了多台二层交换机，也只表示构建的是同一个网络**。

但是我们也可以基于虚拟局域网使用二层交换机创建多个网络。虚拟局域网的相关内容将在第 6 章进行讲解。

接下来，将在一个使用二层交换机构建的以太网网络中传输数据（即以太帧）。在该网络中，二层交换机会直接传输接收到的以太帧，不作任何更改。**在传输以太帧时，需要检查以太网首部的 MAC 地址**（图 5-12）。

也可作为网络的入口

二层交换机还可充当网络入口。二层交换机中配备了很多以太网接口。客户端 PC 和服务器等设备在连接网络时，首先需要与二层交换机进行连接。由于它是一种网络的入口，因此二层交换机也称为访问交换机。此外，如果将二层交换机作为一般的家用产品使用的话，通常也被称为交换式集线器[※1]。

※1 有时也将其简称为 Hub。但是笔者认为不应当使用 Hub 这一名称，因为 Hub 会和 OSI 参考模型的物理层级的“共享（shared）hub”相混淆。

图5-12 二层交换机的概要

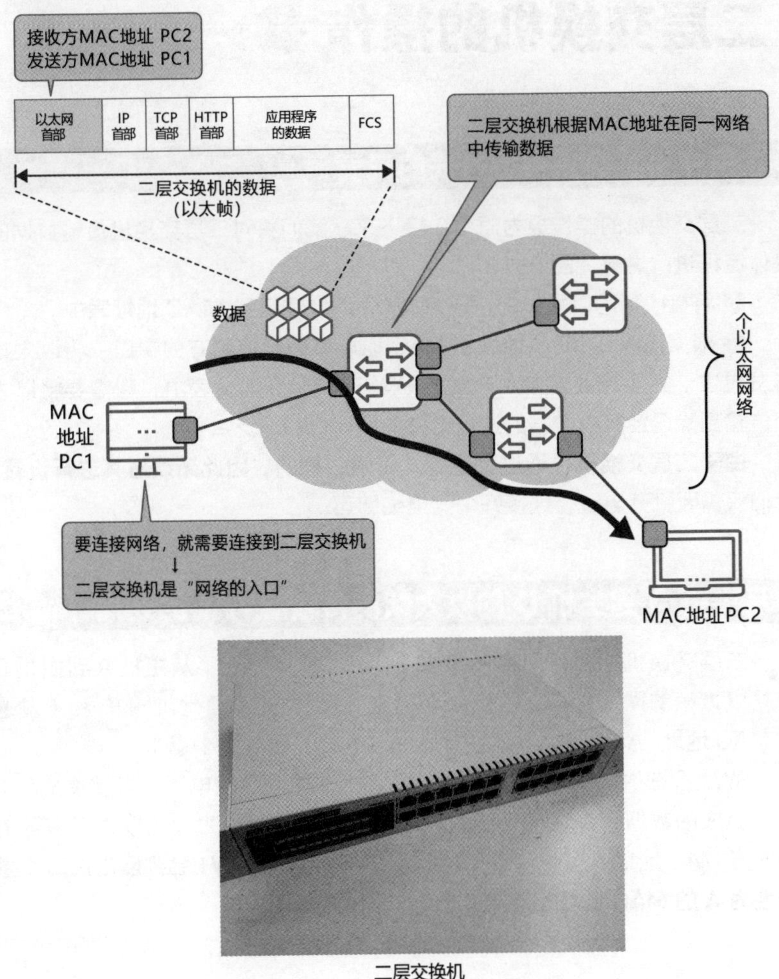

二层交换机

知识点

✎二层交换机可以构建一个使用了以太网的网络。
✎二层交换机也是网络的入口。

》二层交换机的操作 ①

二层交换机数据传输方式的概要

二层交换机的操作极为简单。接下来，我们将对二层交换机传输数据的具体流程进行讲解（**图 5-13**）。

❶ 将接收到的以太帧的发送方 MAC 地址登记到 **MAC 地址表**中。

❷ 根据接收方 MAC 地址和 MAC 地址表确定接收方的端口，将以太帧转发过去。如果接收方 MAC 地址未登记在 MAC 地址表中，则需要将以太帧传输到除已经接收数据的端口之外的所有端口（泛洪）。

由于二层交换机是通过上述方式传输数据的，因此无须对其进行设置。我们只需要打开电源，连接好个人电脑即可。

从主机 A 到主机 D 的以太帧的传输 SW1 的处理

二层交换机的操作可以参考**图 5-14**，其中显示了从主机 A 到主机 D 传输以太帧的网络结构。主机 A 会指定“接收方 MAC 地址：D”和“发送方 MAC 地址：A”的 MAC 地址并发送以太帧（**图 5-14-❶**）。

SW1 会在端口 1 接收以太帧。它会将传输过来的电子信号转换成位 0 和 1 组成的数据，并将其识别为以太帧。之后，将以太帧的以太网首部的发送方 MAC 地址 A 登记到 MAC 地址表中。因此，**SW1 会判断出端口 1 是与名为 A 的 MAC 地址相连的**（**图 5-14-❷**）。

图5-13 二层交换机的操作流程

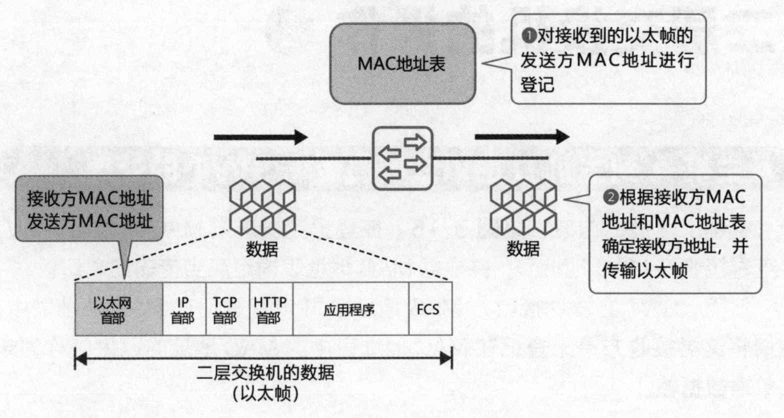

图5-14 在 SW1 接收以太帧

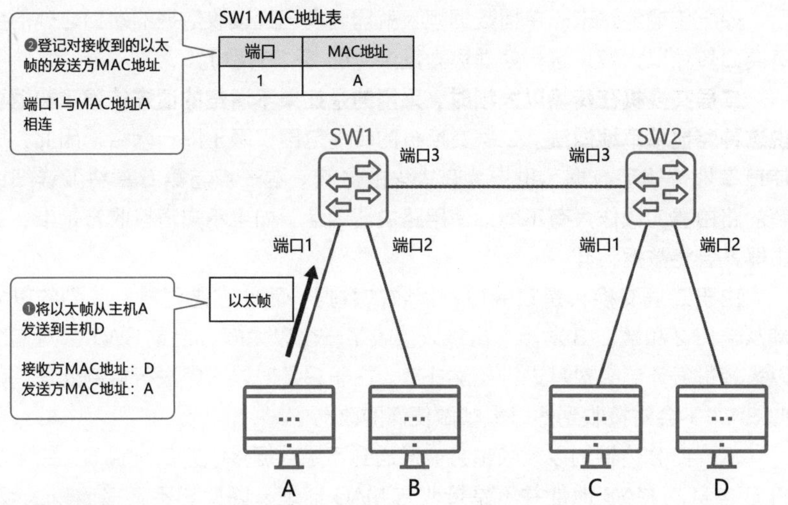

※SW表示二层交换机。

知识点

- 二层交换机无须进行相关设置就可以执行处理。
- 二层交换机会将接收到的以太帧的发送方 MAC 地址登记到 MAC 地址表中。

» 二层交换机的操作 ②

从主机 A 到主机 D 的以太帧的传输 SW1 的处理

继续上一节的内容，见**图 5-15**。在登记完发送方 MAC 地址后，SW1 会查看接收方 MAC 地址 D，并根据 MAC 地址表确定应当传输的端口。

然而，SW1 会发现接收方 MAC 地址 D 并没有登记在 MAC 地址表中。我们将这类接收方是未登记在 MAC 地址表中的 MAC 地址的以太帧称为**未知单播数据帧**。

如果不清楚的话先传输数据再说

如果传输的是未知单播数据帧，就需要向已经接收数据的端口之外的所有端口传输以太帧。这一处理称为**泛洪（图 5-15-❸）**。

二层交换机在传输以太帧时，采用的是如果不清楚的话先传输了数据再说这种略显草率地做法。二层交换机的传输范围仅限于同一网络。因此，即使草率地传输了数据，也不会有太大的影响。这一点与第 6 章将要详细讲解的路由器的操作大有不同。使用路由器的话，如果不知道接收方是谁，路由器就会将数据丢弃。

由于二层交换机是在端口 1 接收的数据，因此它需要将接收到的以太帧从端口 2 和端口 3 发出。虽然只接收了一个以太帧，但是 SW1 会对这个以太帧进行复制并对其进行泛洪处理。由于只是对以太帧进行复制处理，因此 SW1 不会对接收到的以太帧做任何的改动。

从端口 2 传输的以太帧也会被发送到不是数据接收方的主机 B。由于主机 B 自身的 MAC 地址并不是接收方 MAC 地址，因此它不会接收以太帧，会将其丢弃。然后，从端口 3 传输的以太帧将会由 SW2 执行处理。

图5-15 **使用 SW1 传输以太帧**

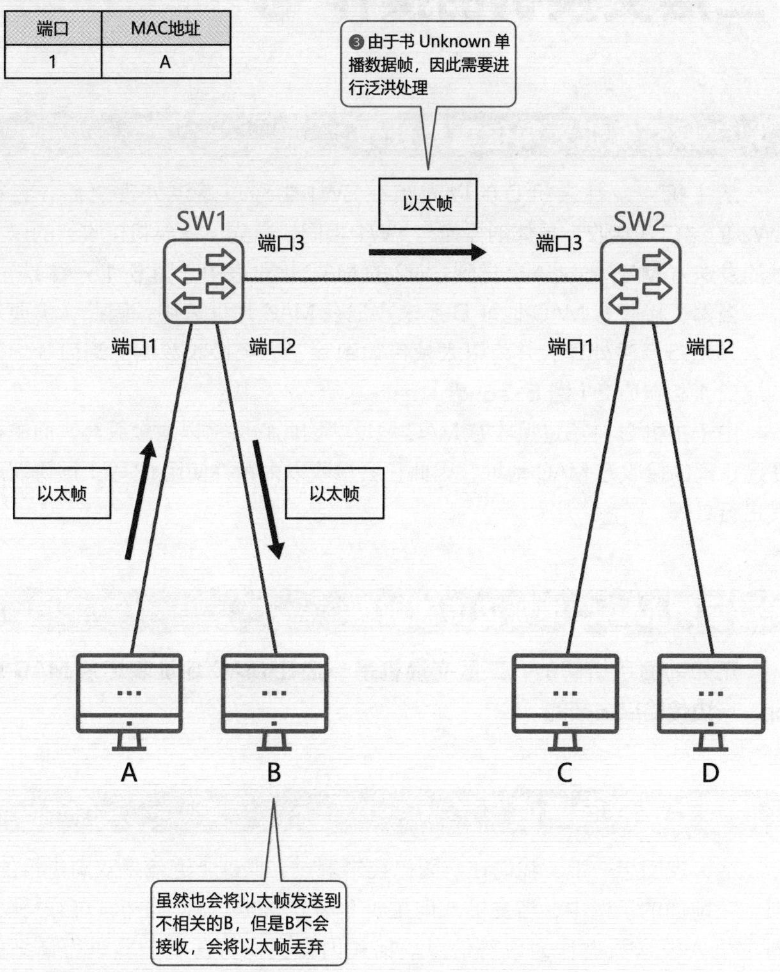

※SW表示二层交换机。

知识点

- 需要根据接收方 MAC 地址和 MAC 地址表确定传输目的地。
- 未将接收方 MAC 地址登记到 MAC 地址表中的 Unknown 单播数据帧会被执行泛洪处理。

» 二层交换机的操作 ③

以二层交换机为单位重复处理

从主机 A 发往主机 D 的以太帧在 SW1 中经过泛洪处理之后，会被 SW2 的端口 3 接收。具体的操作与 SW1 相同。首先，需要将接收到的以太帧的发送方 MAC 地址 A 登记到 SW2 的 MAC 地址表中（**图 5-16-❶**）。

当然，接收方 MAC 地址 D 还未登记在 MAC 地址表中。因此，需要对以太帧进行泛洪处理，并将以太帧传输到除了已经接收数据的端口 3 之外的端口 1 和端口 2（**图 5-16-❷**）。

由于主机 C 并不是接收方 MAC 地址，因此它会将以太帧丢弃。而主机 D 是正确的接收方 MAC 地址，因此它会接收以太帧并使用 IP 等上层协议对其进行处理。

边记录 MAC 地址边传输数据

正如前面所讲解的，**二层交换机是一边让 MAC 地址表记录 MAC 地址，一边传输以太帧的**。

原理上是双向通信

请大家回想一下，我们在前面已经讲解过，原理上通信是双向进行的。那么在前面的示例中，当主机 A 向主机 D 发送数据之后，主机 D 自然就会向主机 A 发送数据作为应答信息。相关内容我们将在下一节进行详细的讲解。

图5-16 SW2 的操作

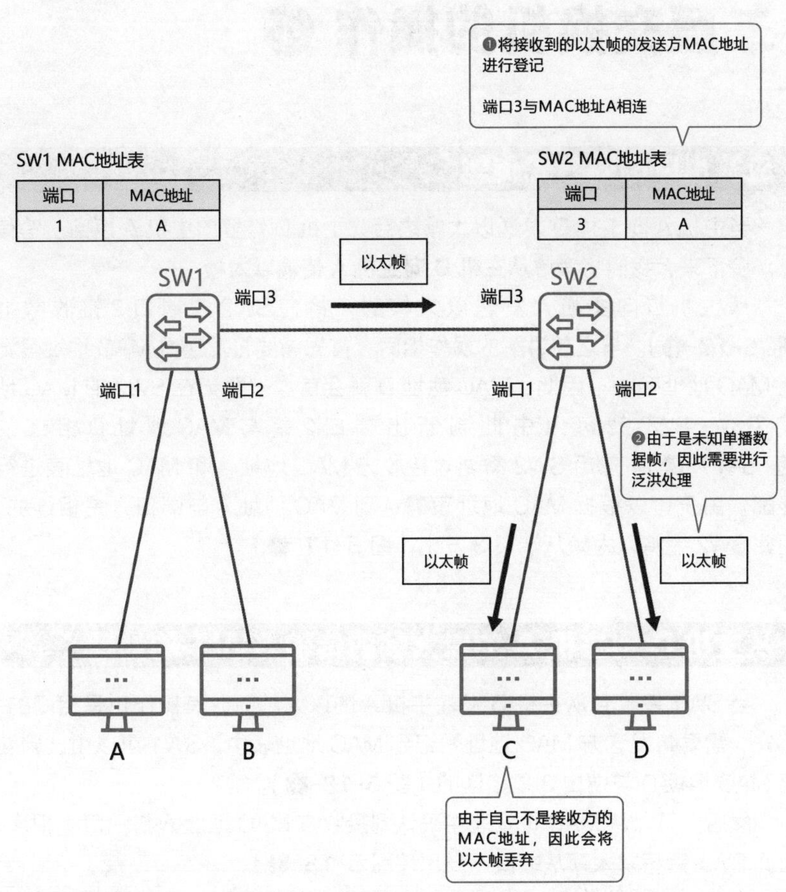

※SW表示二层交换机。

知识点

- ✐ 即使有多台二层交换机，每台二层交换机的工作方式也是一样的。
- ✐ 二层交换机需要一边记录接收到的以太帧的发送方地址，一边将以太帧传输到同一网络中的以太网接口。

» 二层交换机的操作 ④

应答也以相同方式传输

当主机 A 向主机 D 发送以太帧之后，主机 D 需要向主机 A 返回应答信息。接下来，我们将考虑**从主机 D 向主机 A 传输以太帧**。

从主机 D 向主机 A 发送以太帧时，将在 SW2 的端口 2 接收数据（**图 5-17-❶**）。与之前讲解的操作相同，首先需要将发送方 MAC 地址登记到 MAC 地址表中。因此，MAC 地址 D 就会首次被登记在 SW2 的 MAC 地址表中。SW2 就可以由此判断出端口 2 是与 MAC 地址 D 相连的（**图 5-17-❷**）。然后 SW2 需要对接收方 MAC 地址 A 和 MAC 地址表进行匹配。由于可以根据 MAC 地址表确认到 MAC 地址 A 与端口 3 是相连的，因此 SW2 会将以太帧从端口 3 发出（**图 5-17-❸**）。

从主机 D 到主机 A 的以太帧的传输 SW1 的处理

当 SW1 接收到从主机 D 发往主机 A 的以太帧时，其操作也是相同的。首先，需要将发送方 MAC 地址登记到 MAC 地址表中。SW1 可以由此判断出 MAC 地址 D 与端口 3 是相连的（**图 5-18-❶**）。

然后，可以从 MAC 地址表中确认到接收方 MAC 地址 A 与端口 1 相连，因此 SW1 会将以太帧从端口 1 发出（**图 5-18-❷**）。

主机 A 则会接收从 SW1 传输过来的以太帧，通过上层协议对以太帧进行处理。

图5-17 SW2 的操作

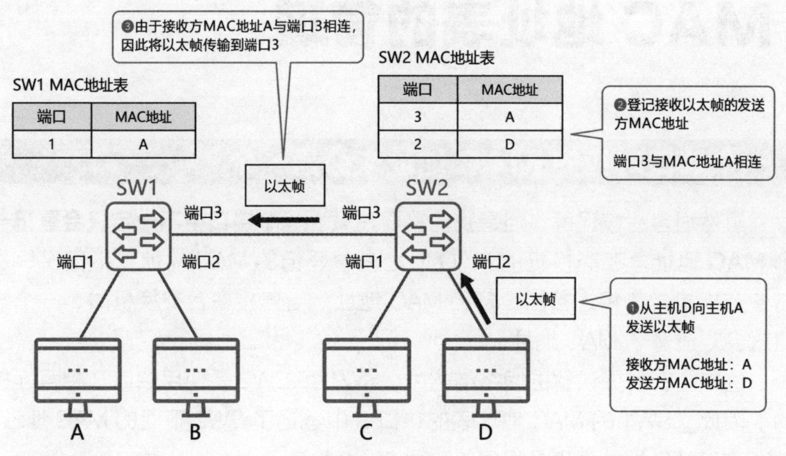

图5-18 SW1 的操作

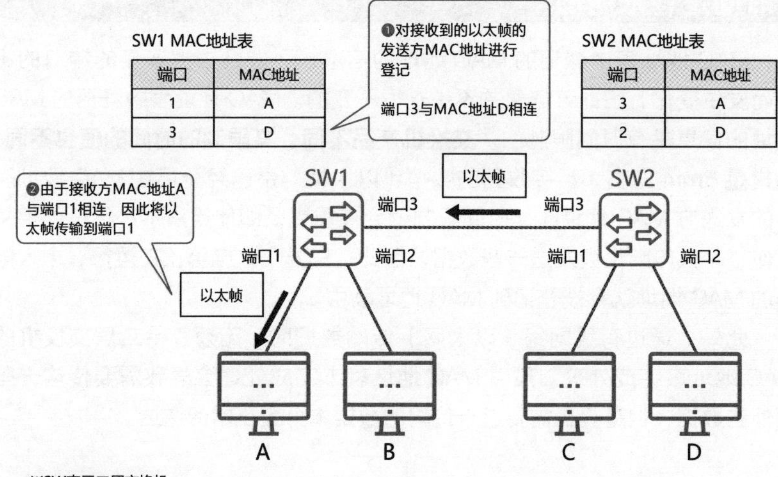

※SW表示二层交换机。

知识点

✐通信是双向进行的。

✐返回的以太帧中的地址是将原始以太帧的接收方和发送方 MAC 地址相互调换的地址。

» MAC 地址表的管理

一个端口对应的 MAC 地址未必是一个

虽然很容易被误解，但是我们需要注意，**一个端口中不一定只会登记一个 MAC 地址**。在交换机的 MAC 地址表中登记的 MAC 地址，不仅仅只是与该交换机本身相连接的设备的 MAC 地址。当连接多台交换机时，一个端口就会对应多个 MAC 地址。

例如，在前面讲解的网络结构中，SW1 和 SW2 是使用端口 3 相互连接的。因此，SW1 的 MAC 地址表的端口 3 中登记了 SW2 下面的 MAC 地址。SW2 的 MAC 地址表也是相同的（**图 5-19**）。

时间是有限制的

MAC 地址表中登记的 MAC 地址的信息，可能会根据连接的端口的不同而发生变化，因此该信息并不是永恒不变的。MAC 地址表中登记的 MAC 地址的信息是有时间限制的。**交换机产品不同，其限制的时间的值也不同，通常是 5min 左右**。当接收到的数据（以太帧）是已经登记在 MAC 地址表中的发送方 MAC 地址时，时间限制就会被重置。即使用户不进行任何相关操作，个人电脑也会发送一些数据。因此，只要个人电脑正在运行，个人电脑的 MAC 地址就会被登记到 MAC 地址表中。

此外，通过有线网络（以太网）传输数据时，无须等待二层交换机的 MAC 地址表完成处理。虽然 MAC 地址表未完成处理会导致需要传输一些额外的数据，但是真正需要进行传输的数据本身会正常的送达。

图5-19　最终的 MAC 地址表

与端口3连接的SW1下面的所有的MAC地址都已被登记

SW1 MAC地址表

端口	MAC地址
1	A
2	B
3	C
3	D

SW2 MAC地址表

端口	MAC地址
1	C
2	D
3	A
3	B

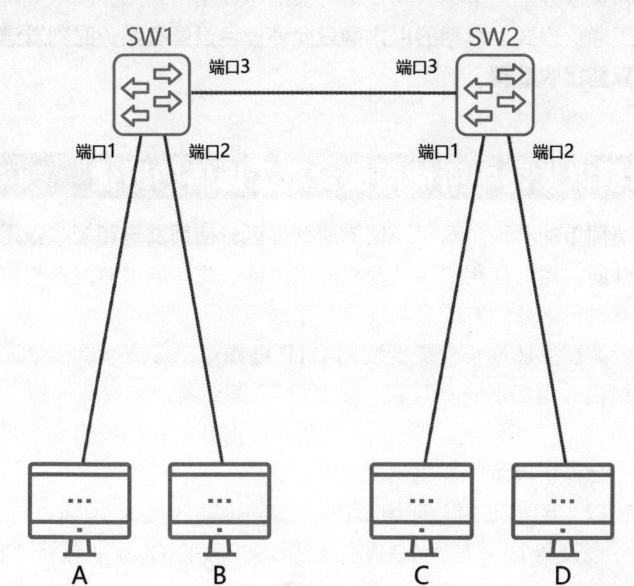

※SW表示二层交换机。

知识点

- MAC 地址表中可能会登记一个端口对应的多个 MAC 地址。
- MAC 地址表中登记的 MAC 地址的信息是有时间限制的。

» 在发送数据的同时接收数据

同时执行数据的接收和发送处理

基于二层交换机创建的以太网的网络，可以同时发送和接收数据。同时发送和接收数据的处理被称为**全双工通信**。除此之外，还存在与全双工通信相对的**半双工通信**。半双工通信无法同时发送和接收数据，需要交替地进行发送和接收处理。早期共享传输介质的总线型网络拓扑的以太网采用的就是半双工通信模式。**早期的以太网只允许一台设备在某一时刻发送数据，其余设备只能接收数据**。

目前以太网中所使用的全双工通信的原理

最简单的实现全双工通信的原理是**区分使用发送和接收数据时所使用的传输介质**。目前使用二层交换机的以太网，就是通过对发送和接收数据的传输介质进行区分的方式来实现全双工通信的 ※1。

要实现上述通信，需要使用 **UTP 缆线**对二层交换机和个人电脑的以太网的接口（端口）进行连接。虽然 UTP 缆线看上去只有一根，但是实际上其中包含了 4 组缆线。因为 UTP 缆线是由 8 根铜线绞合而成的，2 根线为一组，合计可以承载 4 组电子信号。

在以太网标准中，使用 UTP 缆线的传输速度为 10Mbps 的 10BASE-T 标准，以及传输速度为 100Mbps 的 100BASE-TX 标准会将 4 组 UTP 缆线中的一组用于发送数据，一组用于接收电子信号。也就是说，它们会对负责发送和接收数据的缆线进行区分使用。当使用 100BASE-TX 标准进行全双工通信时，就可以同时发送和接收 100Mbps 的数据（**图 5-20**）。

※1 1Gbps 的以太网标准中的全双工通信的原理会有所不同。

图5-20 10BASE-T/100BASE-TX 的全双工通信

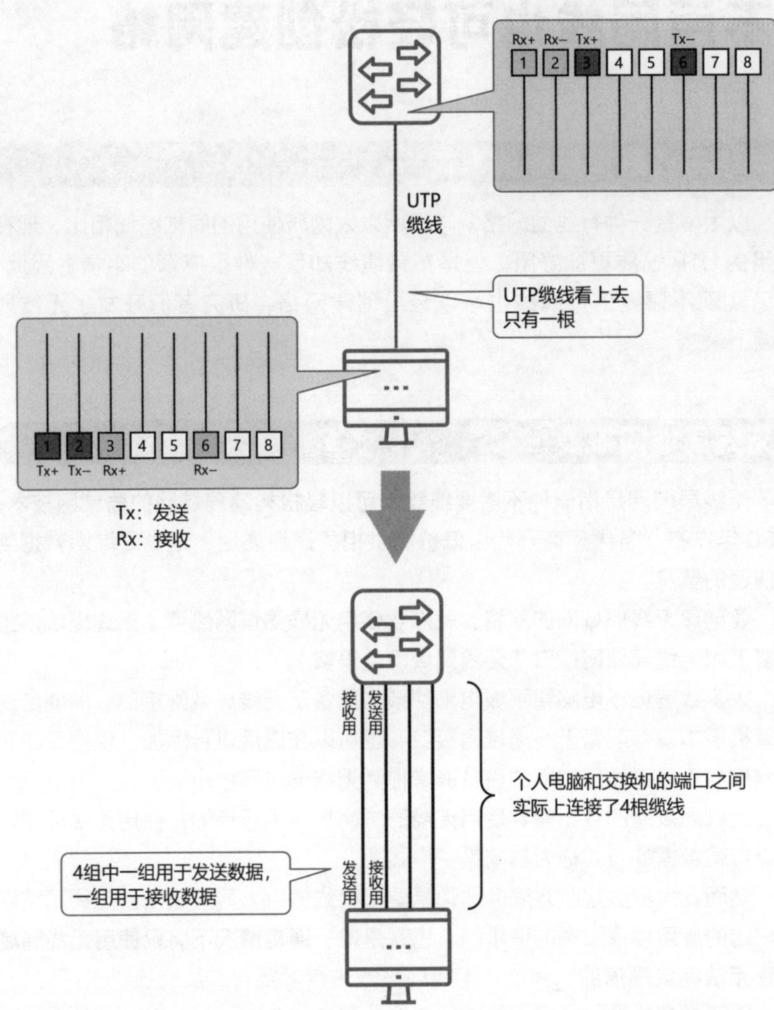

知识点

- 同时发送和接收数据的处理被称为全双工通信。
- 早期的以太网采用的是在发送和接收之间交替进行半双工通信的模式。
- 现在的以太网可以进行全双工通信。

» 不用网线也可轻松创建网络

网络布线是很麻烦的事情

以太网是一种有线的网络。与早期以太网所使用的同轴缆线相比，现在常用的 UTP 缆线更加好用。但是布置缆线却是一件很麻烦的事情。因此，为了实现不需要使用缆线也可以轻松创建网络，研究者们开发了**无线局域网**。

无线局域网概要

无线局域网是指一种不需要缆线就可以轻松构建局域网的局域网技术。2000 年左右，各大厂商开始以低价提供相关产品之后，无线局域网就得到了快速的普及。

要创建无线局域网的网络，就需要使用**无线局域网热点（无线局域网主设备）和无线局域网接口（无线局域网从设备）**。

大多数笔记本电脑和平板电脑都预先配备了无线局域网接口。即使台式计算机原本没有配备无线局域网接口，也可以在以后进行添加。使用无线局域网接口连接无线局域网的设备通常称为**无线局域网客户端**。

无线局域网的数据需要使用无线局域网热点进行传输。使用无线局域网热点传输数据的方式称为**基础设备模式**※1。

然而，大多数接收方服务器都是使用有线的以太网接收来自无线局域网客户端的应用程序发送的请求的。也就是说，**通常情况下，只使用无线局域网是无法完成通信的**，因此，无线局域网热点需要与二层交换机进行连接，并且需要与有线的以太网网络进行连接（**图 5-21**）。

※1 也有在无线局域网接口之间直接传输数据的点对点模式。

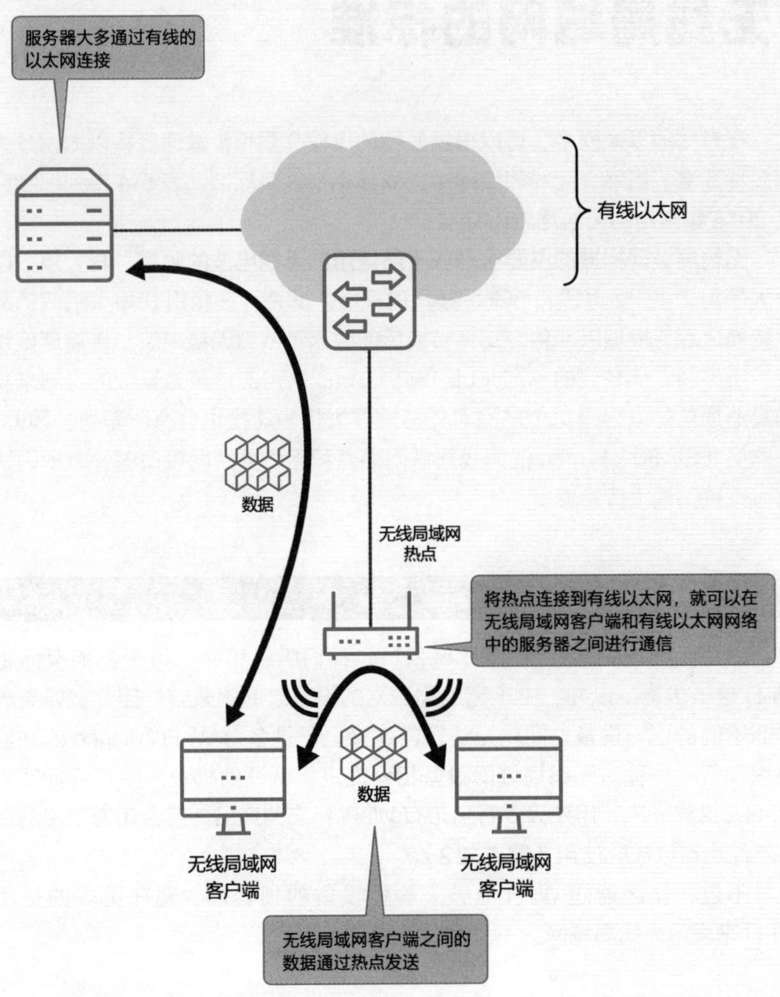

知识点

- 在无线局域网中不需要布线就可以轻松地创建网络。
- 可以使用无线局域网热点和无线局域网客户端构建无线局域网的网络。
- 无线局域网热点也需要连接有线的以太网。

» 无线局域网的标准

在有线的以太网中，可以根据使用的传输介质和传输速度将以太网分为很多种标准。当然，无线局域网中也同样存在很多标准。表 5-4 中列出了截至 2018 年常用的无线局域网标准。

无线局域网标准的主要区别在于所使用的无线电波的频带。其大致可以分为使用 2.4GHz 频段和 5GHz 频段的标准。此外，在将由 0 和 1 组成的数据转换之后，根据以哪种方式将转换后的数据承载到无线电波，传输速度也会有所不同。比较新的标准 IEEE 802.11n/ac 采用的是更为复杂的机制来实现高速通信的。但是每个产品可支持的最大传输速度也会有所差别。因此，在购买 IEEE 802.11n/ac 的无线局域网热点和无线局域网接口时，必须确认其可支持的最大传输速度。

Wi-Fi 是什么

比起无线局域网标准 IEEE 802.11，我们听到和看到得更多的反而是 Wi-Fi 这一术语。以往，由于无线局域网的设备之间不兼容，因此，如果制造商不同的话，设备之间就无法正常连接。于是名为 Wi-Fi Alliance 的联盟组织推行了一种对无线局域网设备相容性进行认证的机制，将其商标定为 Wi-Fi。这样一来，用户只要看到带有 Wi-Fi 标志的产品，就会知道即使制造商不同也可以放心使用（**图 5-22**）。

不过，比起通过 Wi-Fi 标志来确保设备的相容性，现在更多的是用 Wi-Fi 来表示无线局域网。

表5-4 **主要的无线局域网标准**

标准名称	制定时期	频　道	传输速度
IEEE 802.11b	1999年10月	2.4GHz频段	11Mbps
IEEE 802.11a	1999年10月	5GHz频段	54Mbps
IEEE 802.11g	2003年6月	2.4GHz频段	54Mbps
IEEE 802.11n	2009年9月	2.4GHz/5GHz频段	65~600Mb/s
IEEE 802.11ac	2014年1月	5GHz频段	290M~6.9Gb/s

图5-22 **Wi-Fi**

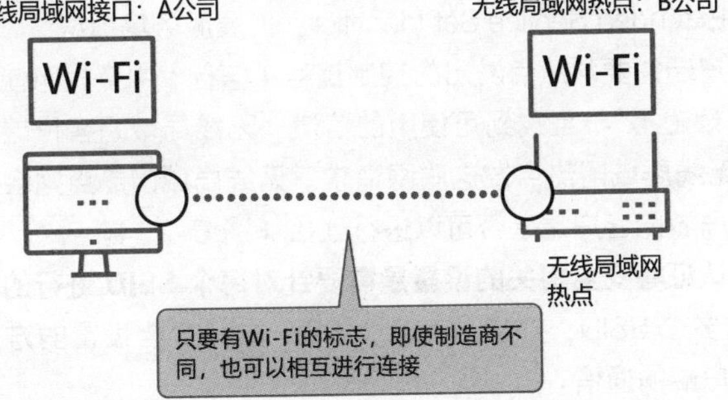

知识点

- 无线局域网主要根据使用的无线电波的频带和无线电波的数据承载方式分为多个标准。
- Wi-Fi 原本是用来保证无线局域网设备之间的相容性的，不过现在则常用其指代无线局域网。

» 连接无线局域网

如何用无线局域网进行通信

并不是随便发送无线电波就可以使用无线局域网进行通信的。首先必须连接到无线局域网热点并建立无线局域网的链路。连接无线局域网的操作被称为**联网**。而无线局域网的联网就相当于有线以太网的布线。

指定 SSID 进行连接

在进行联网时需要指定 **SSID**（Service Set Identifier，服务集标识）。SSID 是指识别无线局域网的逻辑组的标识信息。**需要预先在无线局域网热点中，使用最多 32 个字符的字符串对 SSID 进行设置**。也可以在一个热点中设置多个 SSID。此外，还可以为多个热点设置相同的 SSID。SSID 有时也可称为 ESSID（Extended Service Set Identifier，扩展服务集标识）。

无线局域网客户端需要从热点发出的**控制信号（信标）**中查找可使用的无线电波的**射频（信道）**。一旦找到可使用的信道，无线局域网客户端就可以指定 SSID 并向无线局域网热点发送联网请求。无线局域网热点则会发送联网响应通知无线局域网客户端是否可以进行连接（**图 5-23**）。

然而，**加密和认证等安全相关的设置是需要针对每个 SSID 进行的**。我们也可以预先设置多个 SSID，并通过对每个 SSID 进行安全设置的方式来控制无线局域网客户端的通信。

图5-23 联网

有线局域网（以太网）

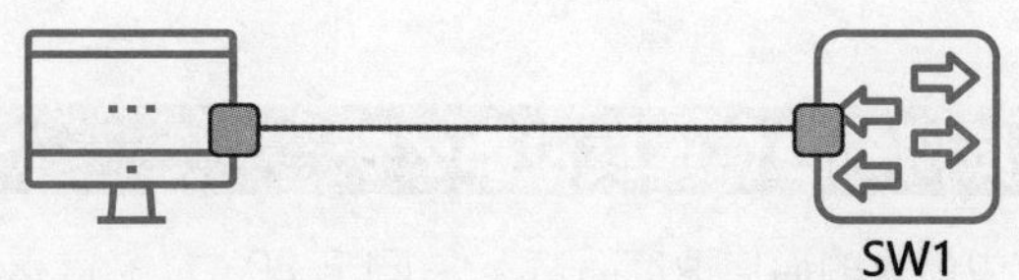

无线局域网

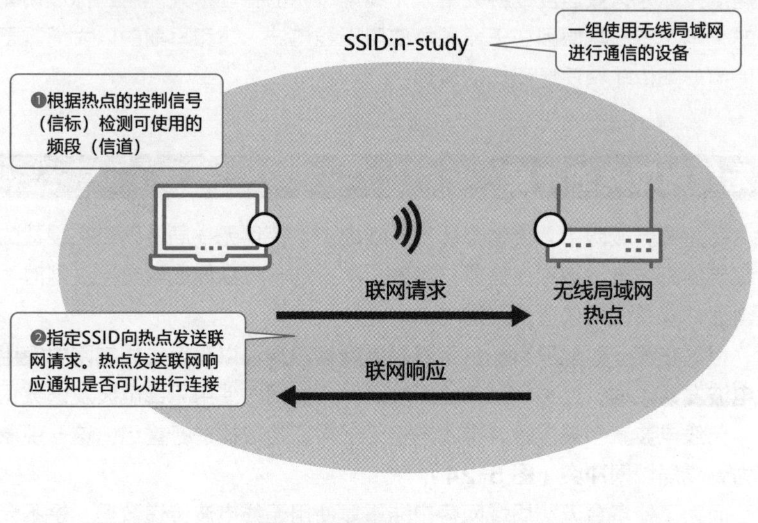

※SW表示二层交换机。

知识点

✐需要与无线局域网热点进行联网才能通过无线局域网进行通信。

✐可以通过指定 SSID 的方式实现联网。

无线电波的重复利用

无线局域网的通信速度没那么快

就标准中最大的通信速度而言，像 IEEE 802.11n/ac 这类新的无线局域网标准的速度已经毫不逊色于有线的以太网。与有线的以太网相比，**无线局域网是无法以标准速度进行通信的**。在日常生活中使用应用程序时的实际通信速度被称为**有效速度**或**吞吐量**。无线局域网的吞吐量只能达到标准传输速度的一半左右，其原因在于要重复使用无线电波。这和早期的以太网需要重复使用一条传输介质是同样的道理。

无线局域网的冲突

在无线局域网中，传输介质是无线电波。使用无线局域网热点设置的特定频带的无线电波被称为**信道**。当多个客户端与无线局域网热点联网时，它们需要共享并使用信道的无线电波。

但是**在某一时刻只有一台无线局域网客户端可以在无线局域网中使用无线电波发送数据**。如果多台无线局域网客户端同时使用无线电波发送数据的话，无线电波就会被重叠，接收方将无法对原始数据进行重组。这一现象被称为无线局域网**冲突（图 5-24）**。

而为了使多台无线局域网客户端重复使用无线电波传递数据，是不允许它们之间发生这种冲突的。

因此，我们必须对无线局域网客户端在哪一时刻可以使用无线电波收发数据进行控制。为此，无线局域网中通常都采用了 CSMA/CA（Carrier Sense Multiple Access with Collision Avoidance，具有冲突避免的载波侦听多路访问 / 冲突避免）的方式来控制无线局域网客户端对无线电波的重复利用。

图 5-24 无线局域网的冲突

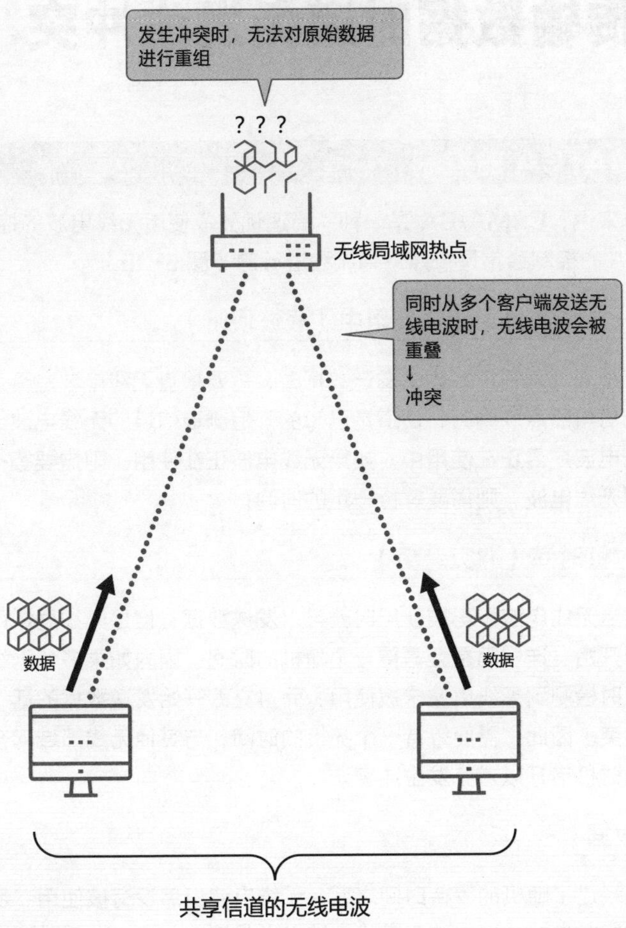

知识点

- 在无线局域网中，连接到一个热点的多台无线局域网客户端会重复使用无线电波。
- 由于需要重复使用无线电波，因此无法以标准传输速度进行通信。
- 为了避免发生无线局域网冲突，需要采用 CSMA/CA 机制来控制无线局域网客户端对无线电波的重复使用。

» 在传输数据时避免发生冲突

CSMA/CA 的控制

简单来说，CSMA/CA 是一种“高速优先”使用无线电波的控制机制。CSMA/CA 的控制通常是按照下列流程进行的（图 5-25）。

1. 检查无线电波是否正在使用中（载波侦听）

当无线局域网客户端尝试发送数据时，需要检查无线电波是否正在使用中。当成功与热点联网时，信道是已知的。检测该信道的无线电波，就能够知道无线电波是否正在使用中。如果无线电波正在使用，则需要等待。如果检测不到无线电波，则需要等待一定的时间。

2. 等待时机时间（冲突避免）

虽然当无线电波不再被使用时就可以发送数据，但是无线局域网客户端不会立即开始发送，而是会等待一个随机的时间。因为如果多台无线局域网客户端同时检测到无线电波未被使用，而且立即开始发送数据的话，就可能会发生冲突。因此，需要等待一个随机的时间，与其他无线局域网客户端发送数据的时机错开以避免发生冲突。

3. 发送数据

如果经过了随机的等待时间之后，无线电波仍然没有被使用，那么此时无线局域网客户端才可以使用无线电波发送数据。此外，在无线局域网的通信中，当无线局域网热点接收到数据后，需要返回 ACK 作为答复。在此期间，对于其他无线局域网客户端而言，无线电波正处于使用的状态，因此即使它们想要发送数据也必须进行等待。

由于 CSMA/CA 是通过上述方式对数据的传输进行控制的，因此即使无线局域网客户端尝试发送数据，也只会导致等待的时间变长和吞吐量的下降，并不能发送数据。

图5-25 CSMA/CA

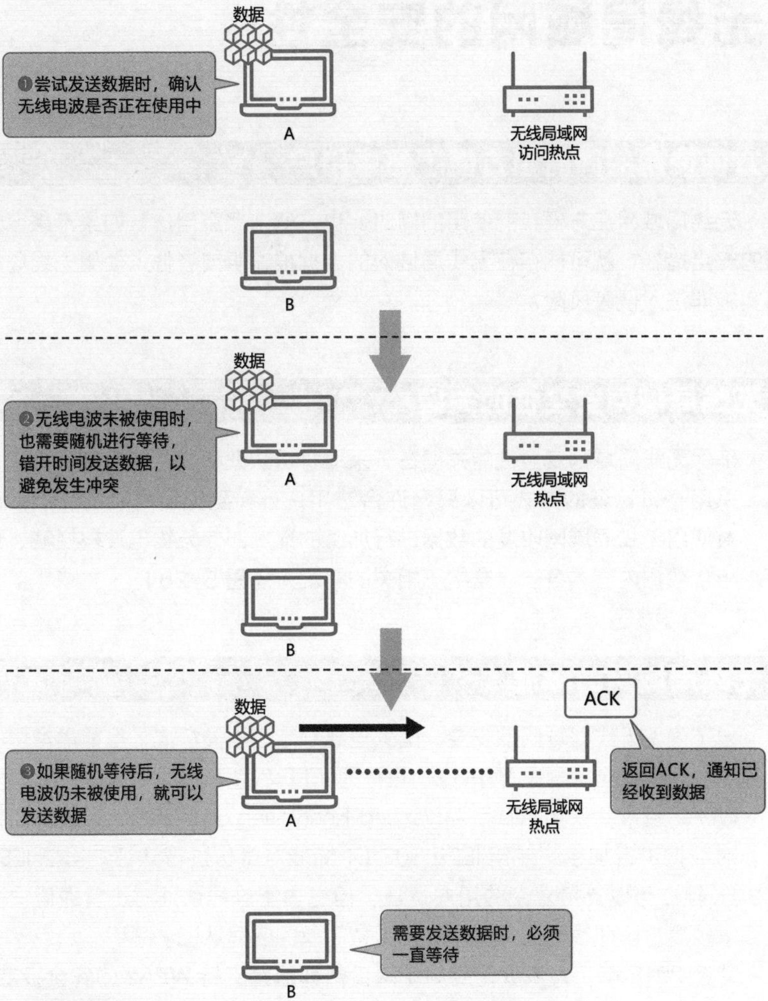

知识点

- 想要避免发生冲突，就需要使用 CSMA/CA 控制多台无线局域网客户端灵活地使用无线电波。
- 无线局域网客户端需要检测到无线电波处于空闲状态之后，再等待随机的时间以避免发生冲突。

» 无线局域网的安全性

方便使用的同时也方便了恶意用户

无线局域网在方便我们使用的同时，也方便了恶意用户。如果不采取适当的安全措施，就可能存在无线局域网的数据被窃听或者他人使用无线局域网实施非法入侵等风险。

无线局域网安全性的关键

确保无线局域网安全性的关键在于采取身份认证和加密的措施。

采用身份认证的方式可以只允许合法用户连接到无线局域网热点。此外，对使用无线局域网收发的数据进行加密的话，即使无线电波被拦截，也可以防止数据内容本身被泄露给不相关的第三方（**图 5-26**）。

无线局域网的标准

为了确保无线局域网的安全，国家已经制定了相关标准。目前最常用的无线局域网的安全标准是 **WPA2**，也称为 IEEE 802.11i。

WPA2 通常会使用 AES（Advanced Encryption Standard，高级加密标准）对数据进行加密，使用 IEEE 802.1X 标准对身份进行认证。虽然 IEEE 802.1X 标准可以支持复杂的用户认证，但是由于这种认证对于普通用户而言要求较高，因此针对普通用户其也支持简单的密码认证。

截至 2018 年，**大多数无线局域网设备都已经支持 WPA2 的安全标准**。它的设置非常简单，因此建议大家在使用无线局域网时，务必尝试进行 WPA2 的安全设置。

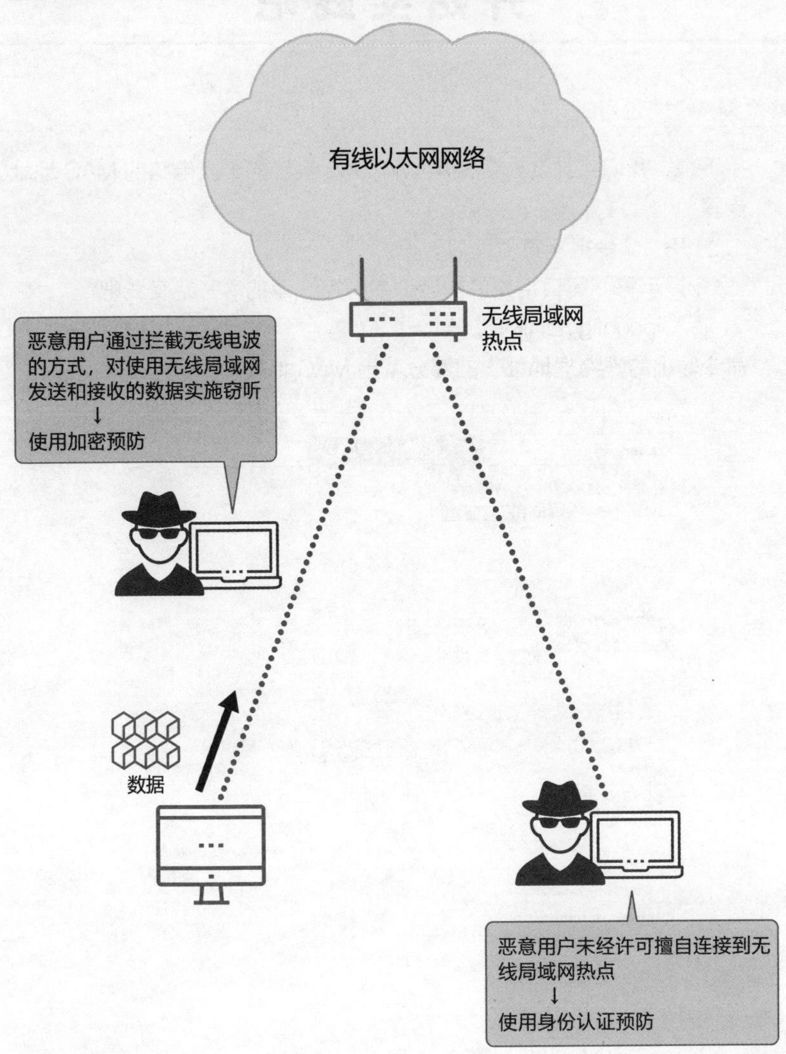

知识点

- 确保无线局域网的安全性十分重要。
- 无线局域网安全性的关键在于实施数据的加密和用户的身份认证措施。
- WPA2（IEEE 802.11i）是无线局域网的安全标准。

开始实践吧

检查MAC地址

接下来，我们将尝试检查使用 Windows 系统的个人电脑的 MAC 地址。

步骤

① 打开“命令提示符”窗口。

“命令提示符”窗口相关的内容请参考第 3 章的“开始实践吧”。

② 输入 ipconfig /all 命令。

命令输出的“物理地址”的部分就是 MAC 地址。

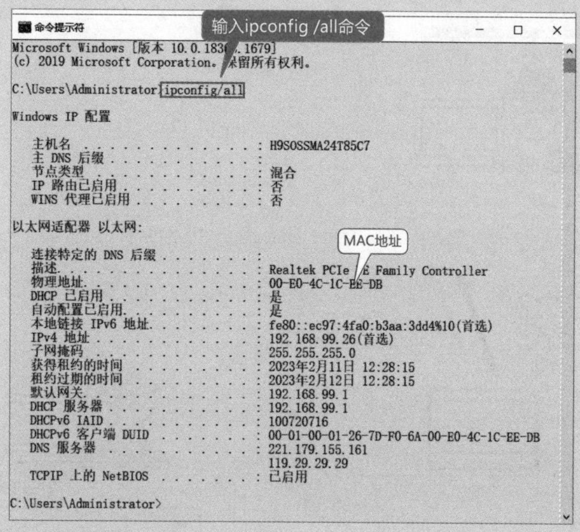

第6章

路由——将数据传输到远程网络

» 将数据传输到远程网络

如何将数据传输到不同的网络中

正如第 5 章所讲解的，使用以太网和无线局域网能够在同一网络中传输数据。而**发往不同网络的数据，则需要使用负责将不同网络相互连接在一起的路由器进行传输**。

路由器会搜索数据传输的目的地与哪个网络相连，并将数据传输到与该网络相连的路由器中（**路由处理**）。路由器就是通过这样反复地进行路由处理的方式，将数据从发送方传输到接收方的，因此，即使是那些位于远方的网络也可以通过这种方式将数据送达（**图 6-1**）。

传输的数据是 IP 数据包

路由器传输的数据对象是 IP 数据包。由于 IP 数据包位于 TCP/IP 分层结构中的网际层，因此路由的处理是在网际层中执行的。

路由器在传输 IP 数据包时，会检查 IP 首部中的接收方 IP 地址。在传输数据时，只有 IP 首部的 **TTL**（生存时间值）和**首部校验和**会被更新，其他部分则会被原封不动地转发 ※1。

但是**在路由器进行传输时，以太网首部等网络接口层协议的首部会被替换成全新的首部**。这是因为以太网首部等网络接口层的首部是用于发往相连网络中其他路由器的信息的缘故（**图 6-2**）。

※1 当 NAT 的地址进行转换时，IP 地址也会被改动。

图6-1 路由处理的概要

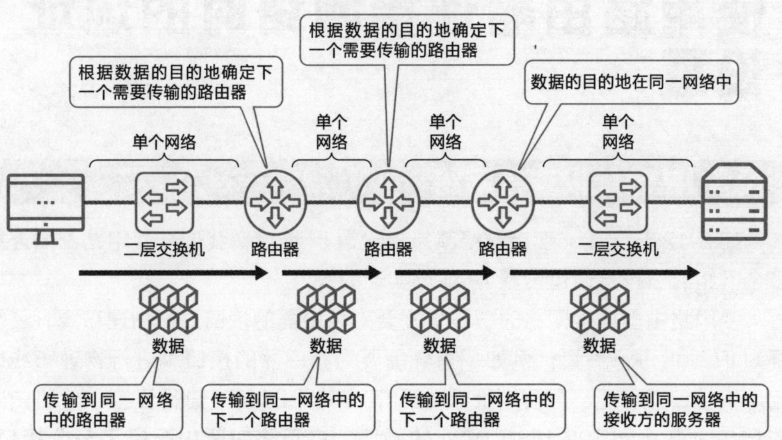

图6-2 路由器传输的数据

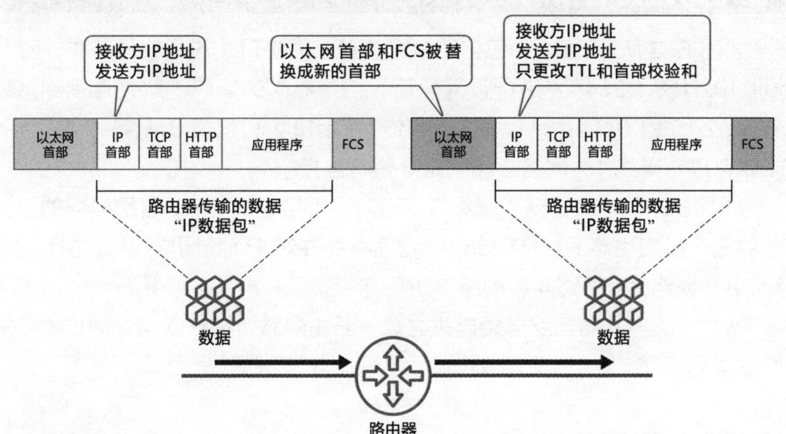

知识点

- ✎路由器会确定传输数据的目的地与哪个网络连接并将数据发往下一个路由器。
- ✎路由器转发的数据是 IP 数据包。

» 使用路由器连接网络时的地址设置

设置 IP 地址以连接网络

如 3-12 节所述，连接网络就是指设置 IP 地址。我们在使用路由器连接多个网络时，也是通过**设置 IP 地址**实现的。

使用路由器连接网络时，不仅需要对路由器的接口进行**物理布线**，还需要对 IP 地址进行设置。例如，首先需要为路由器的接口 1 进行物理布线以启用该接口。然后，需要对 IP 地址 192.168.1.254/24 进行设置，使路由器的接口 1 连接到 192.168.1.0/24 的网络。**由于路由器中配备了多个接口，因此需要分别对它们进行物理布线和设置 IP 地址**。

使用路由器连接网络的示例

如图 **6-3** 所示，R1 中包含了 3 个接口。为接口 1 进行物理布线并对 IP 地址 192.168.1.254/24 进行设置之后，路由器 1 的接口 1 就会连接到网络 1 的 192.168.1.0/24 中。以同样的方式为接口 2 和接口 3 设置 IP 地址后，R1 就可以与网络 1、网络 2 和网络 3 进行连接。

从图 6-3 中可以看到，网络 3 不仅与 R1 相连，与 R2 也是相连的。对 R2 的三个接口也用 R1 的方式进行物理布线并对 IP 地址进行设置的话，R2 就可以与网络 3、网络 4 和网络 5 进行连接。

通过上述方式将网络连接起来之后，路由器就可以在网络之间传输数据（IP 数据包）了。

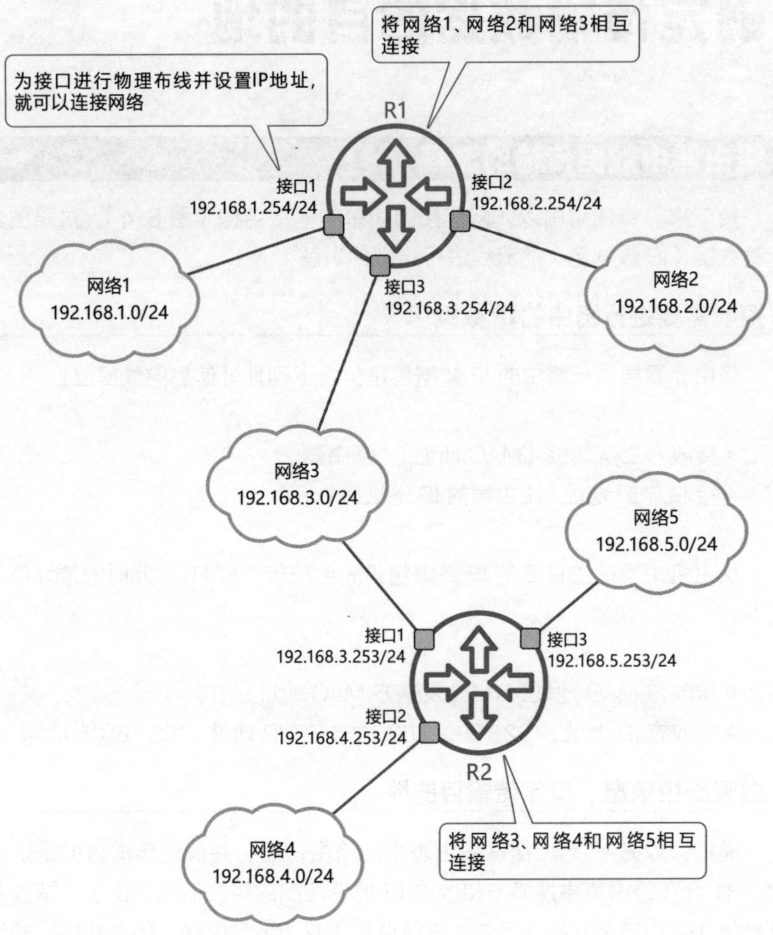

知识点

- 可以使用路由器将网络相互连接起来。
- 需要为路由器的接口设置 IP 地址才能连接网络。

» 确定传输数据的目的地

路由器中数据传输的流程

接下来，将使用由以太网连接的简单的网络结构（**图 6-4**），对路由器传输数据（IP 数据包）的流程进行详细的讲解。

1. 接收需要进行路由的 IP 数据包

路由器需要进行路由的 IP 数据包是包含下列地址信息的数据包。

- 接收方二层地址（MAC 地址）：路由器。
- 接收方 IP 地址：路由器的 IP 地址除外。

从主机 1 发往主机 2 的 IP 数据包首先会被传输到 R1。此时的地址信息如下：

- 接收方 MAC 地址：R11；发送方 MAC 地址：H1。
- 接收方 IP 地址：192.168.2.100；发送方 IP 地址：192.168.1.100。

2. 搜索路由信息，确定传输目的地

根据接收方 IP 地址搜索路由表中的路由信息，并确定传输目的地。因此，R1 会在路由表中搜索与接收方 IP 地址匹配的路由信息。由于与接收方 IP 地址 192.168.2.100 匹配的路由信息是 192.168.2.0/24，因此传输目的地的**下一跳点**（下一个要传输的路由器）就是 192.168.0.2，也就是 R2。

图6-4 接收路由对象数据包，搜索路由表

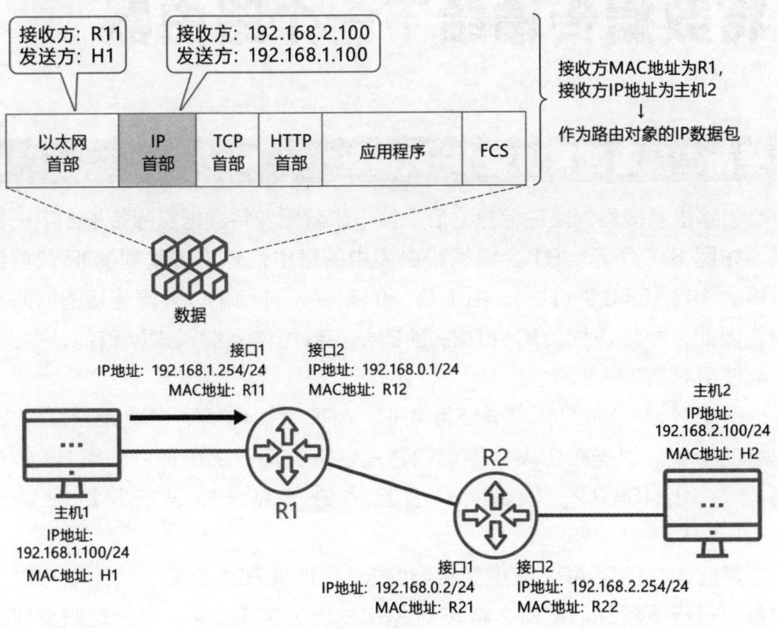

R1 路由表

网络地址	下一跳点
192.168.0.0/24	直接连接
192.168.1.0/24	直接连接
192.168.2.0/24	192.168.0.2 (R2)

与接收方IP地址192.168.2.100匹配的信息
↓
接下来传输到192.168.0.2 (R2)

知识点

✎路由的 IP 数据包是包含下列地址的数据包。

- 接收方二层地址：路由器。
- 接收方 IP 地址：路由器除外。

✎路由器需要根据接收方 IP 地址在路由表中搜索路由信息。

» 将数据传输给下一个路由器

更新二层首部再传输 IP 数据包

当路由器搜索到路由信息之后，接下来就需要将数据实际传输到下一跳点。如**图 6-5** 所示，R1 会根据路由表中的路由信息将接收到的 IP 数据包传输给 192.168.0.2（R2）。由于 R1 和 R2 是一种使用以太网连接的网络结构，因此，要将数据传输给 R2，就需要在数据中添加以太网首部。为此，需要使用 R2 的 MAC 地址。

而获取 MAC 地址则需要使用 ARP。ARP 是一种根据 IP 地址获取 MAC 地址的协议。根据路由表中匹配的路由信息的下一跳点可以确定 R2 的 IP 地址为 192.168.0.2。因此，R1 会自动进行 ARP 处理来获取 IP 地址 192.168.0.2 的 MAC 地址。

然后，在使用 ARP 获取了接收方 MAC 地址 R21 之后，就可以对以太网首部进行更新并从接口 2 将 IP 数据包发出。这样一来，**作为二层首部的以太网首部就是全新的**，新的 FCS 也会被添加到数据中。

但是 IP 首部的 IP 地址不会发生任何变动。虽然 IP 地址不会变，但是 IP 首部的 TTL 会减去 1，并且需要在此基础上重新对首部校验和进行计算。

这样一来，从 R1 发出的数据就会被传输到 R2，然后被 R2 执行路由处理。

如果路由器使用 NAT 对 IP 地址进行转换的话，IP 地址就会被替换。当然，**如果只是单纯地进行路由处理的话，IP 地址是不会发生任何变化的**。

图6-5 更新二层首部再传输到R2

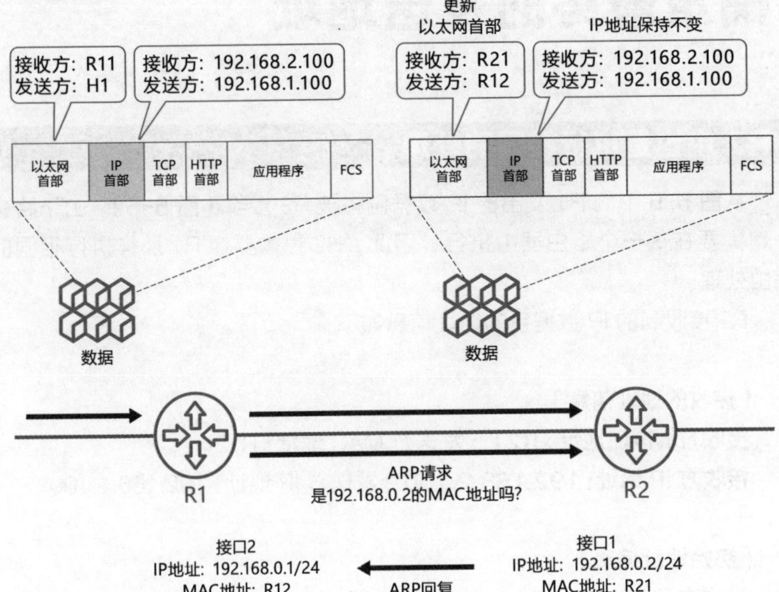

R1 路由表

网络地址	下一跳点
192.168.0.0/24	直接连接
192.168.1.0/24	直接连接
192.168.2.0/24	192.168.0.2 (R2)

使用以太网将数据传输到192.168.0.2，需要获取192.168.0.2的MAC地址
↓
使用ARP解析地址

知识点

- 为了能够将数据传输到下一跳点，需要在数据中添加新的首部。
- 如果是使用以太网传输数据，路由器就会自动发送 ARP 请求处理以获取下一跳点的 MAC 地址。

» 确定最终的发送地址

R2 中也是执行相同的处理

从图 6-5 中的 R1 发出的 IP 数据包将被 R2 接收（图 6-6）。由于路由处理需要在每一个路由器中执行，因此，R2 也需要像 R1 那样执行相同的路由处理。

R2 接收到的 IP 数据包的地址信息如下。

[接收的地址信息]
接收方 MAC 地址：R21；发送方 MAC 地址：R12。
接收方 IP 地址：192.168.2.100；发送方 IP 地址：192.168.1.100。

[初始地址信息]
接收方 MAC 地址：R11；发送方 MAC 地址：H1。
接收方 IP 地址：192.168.2.100；发送方 IP 地址：192.168.1.100。

从上述信息中可以看到，**和主机 1 发送的初始地址信息相比，虽然 MAC 地址被更新了，但是 IP 地址是一样的**。虽然接收方 MAC 地址在 R2 中，但是接收方 IP 地址不是 R2 的地址。由此可见，这是一个需要进行路由的 IP 数据包。

最终的目的地是哪里

那么 R2 就需要搜索与接收方 IP 地址 192.168.2.100 匹配的路由信息来进行路由处理。经过搜索之后，R2 会找到 192.168.2.0/24 的路由信息。由于下一跳点是直接连接的地址，因此，可以确定最终的接收方 IP 地址 192.168.2.100 与 R2 位于同一网络中。

图6-6 在R2中接收路由数据包和搜索路由表

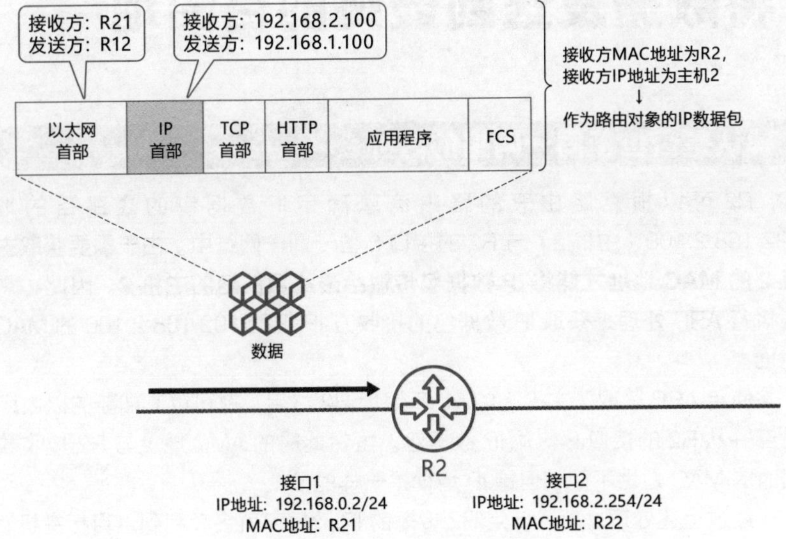

R2 路由表

网络地址	下一跳点
192.168.0.0/24	直接连接
192.168.1.0/24	192.168.0.1 (R1)
192.168.2.0/24	直接连接

与接收方IP地址192.168.2.100匹配的路由信息
↓
最终目的地192.168.2.100在R2的同一网络中

知识点

✐每个路由器都需要执行路由处理，直到将 IP 数据包传输到直接与最终目的地相连的路由器中。

将数据发送到最终的目的地

确认是否位于同一网络的内部

R2 可以根据路由表的路由信息确定 IP 数据包的**最终目的地** 192.168.2.100（主机 2）与 R2 的接口 2 位于同一网络中。由于**需要获取主机 2 的 MAC 地址才能将 IP 数据包传输给最终目的地的主机 2**。因此，需要执行 ARP 处理来获取 IP 数据包的接收方 IP 地址 192.168.2.100 的 MAC 地址。

使用 ARP 获取了主机 2 的 MAC 地址 H2 之后，就可以添加新的以太网首部并从 R2 的接口 2 传输 IP 数据包。虽然此时的 AMC 地址与 R2 接收数据时的 MAC 地址不同，但是 IP 地址是一样的。

经过上述处理之后，使用 R2 传输的 IP 数据包就会顺利到达目标主机 2（图 6-7）。

收到数据后发送应答信息

下面的过程不再详细解释，切记原则上通信是双向进行的。

因此，从主机 1 向主机 2 发送数据之后，主机 2 就会向主机 1 发送应答信息。从主机 2 向主机 1 发送应答信息时，也是以同样的方式由路由器根据接收方 IP 地址和路由表确定传输数据的目的地。然后，在重写二层首部的同时传输数据。

图6-7 更新二层首部再传输到主机2

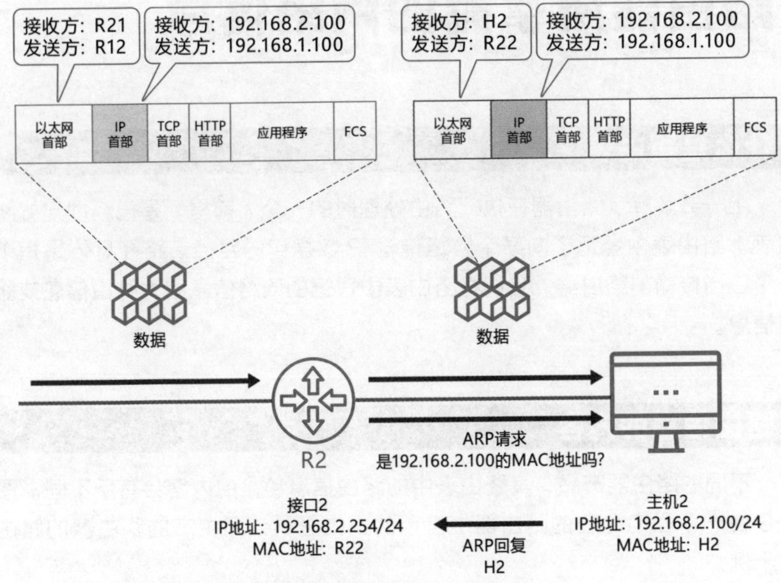

R2 路由表

网络地址	下一跳点
192.168.0.0/24	直接连接
192.168.1.0/24	192.168.0.1 (R1)
192.168.2.0/24	直接连接

由于最终的接收方地址 192.168.2.100 在同一网络中，因此可以通过 ARP 解析 192.168.2.100 的 MAC 地址

知识点

- 最后一个路由器会使用 ARP 查询 IP 数据包的接收方 IP 地址的 MAC 地址并传输 IP 数据包。
- 切记通信是双向进行的。

» 路由器所掌握的网络信息

什么是路由表

上一节解释了路由器在执行路由处理时的一个大前提，是已经创建好路由表。路由表中登记了向某个网络传输 IP 数据包的路径。路径具体是指下一个应当传输的路由器。我们将路由表中登记的网络信息称为**路由信息**或**路径信息**。

路由信息的内容

不同的路由器产品，其路由表中的路由信息包含的内容会有所不同。**图 6-8** 是一个面向企业的路由器中常用的、由思科公司生产的路由器的路由表示例。

路由信息中重要的部分是接收方的**网络地址 / 子网掩码和下一跳地址**。

只要知道如何到达相邻的路由器即可

路由器是根据路由表确定相邻路由器的网络结构的。但是可以确定的并不是网络整体的详细结构，而是只能知道以自己为中心的相邻路由器的另一侧存在什么样的网络而已。路由器是反复不断地将数据传输到网络，只要知道如何将数据传输到相邻的路由器即可。

发往无法在路由表中搜索到的网络的 IP 数据包都将被丢弃，因此，必须将所有必要的路由信息都登记到路由表中。这一处理不只适用于一台路由器，也适用于网络中所有的路由器。

图6-8 路由表的示例

```
R1#show ip route
Codes: C - connected, S - static, I - IGRP, R - RIP, M - mobile, B - BGP
       D - EIGRP, EX - EIGRP external, O - OSPF, IA - OSPF inter area
       N1 - OSPF NSSA external type 1, N2 - OSPF NSSA external type 2
       E1 - OSPF external type 1, E2 - OSPF external type 2, E - EGP
       i - IS-IS, su - IS-IS summary, L1 - IS-IS level-1, L2 - IS-IS level-2
       ia - IS-IS inter area, * - candidate default, U - per-user static route
       o - ODR, P - periodic downloaded static route

Gateway of last resort is not set

S    172.17.0.0/16 [1/0] via 10.1.2.2
S    172.16.0.0/16 [1/0] via 10.1.2.2
     10.0.0.0/24 is subnetted, 3 subnets
R       10.1.3.0 [120/1] via 10.1.2.2, 00:00:10, Serial0/1
C       10.1.2.0 is directly connected, Serial0/1
C       10.1.1.0 is directly connected, FastEthernet0/0
S    192.168.1.0/24 [1/0] via 10.1.2.2
```

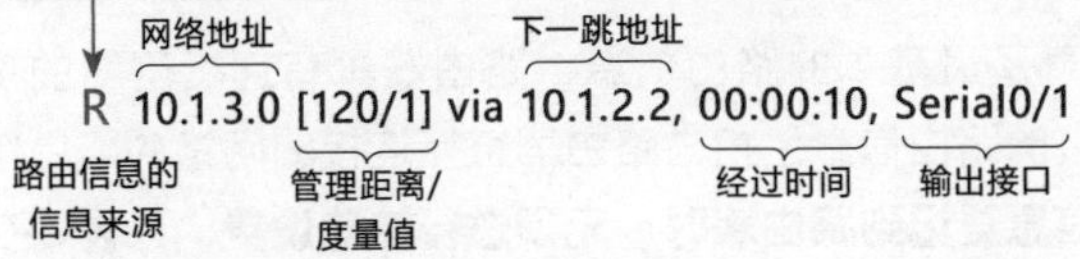

R 10.1.3.0 [120/1] via 10.1.2.2, 00:00:10, Serial0/1

- R：路由信息的信息来源
- 10.1.3.0：网络地址
- [120/1]：管理距离/度量值
- 10.1.2.2：下一跳地址
- 00:00:10：经过时间
- Serial0/1：输出接口

※Cisco路由器的路由表的示例。
※管理距离 / 度量值是对到相关网络的网络距离的量化。

知识点

- 在路由表中，登记了要将 IP 数据包发往某个网络时下一个应当传输的路由器的路径。
- 我们将登记在路由表中的信息称为路由信息。

» 路由表中最基本的信息

路由表的编写方法

我们可以通过下列 3 种方法将路由信息登记到路由表中。

- 直接连接。
- 静态路由。
- 路由协议。

最基本的是直接连接

直接连接的路由信息是最基本的路由信息。路由器具有连接网络的功能。顾名思义，直接连接的路由信息是指与路由器直接连接的网络的路由信息。**将直接连接的路由信息登记到路由表时，无须进行特殊设置**。只需要在路由器的接口中设置 IP 地址，并启用该接口即可。因此，自动设置的 IP 地址所对应的网络地址的路由信息，就会作为直接连接的路由信息被登记到路由表中（**图 6-9**）。

只有登记在路由表中的网络才可以对 IP 数据包进行路由。也就是说，即使不对路由器进行特殊的设置，直接连接的网络之间也是可以进行路由处理的。反言之，**路由器只会识别直接连接的网络**。

而要将非直接连接路由器的远程网络的路由信息登记到路由表时，则需要使用其他方法。

图6-9 直接连接的路由信息

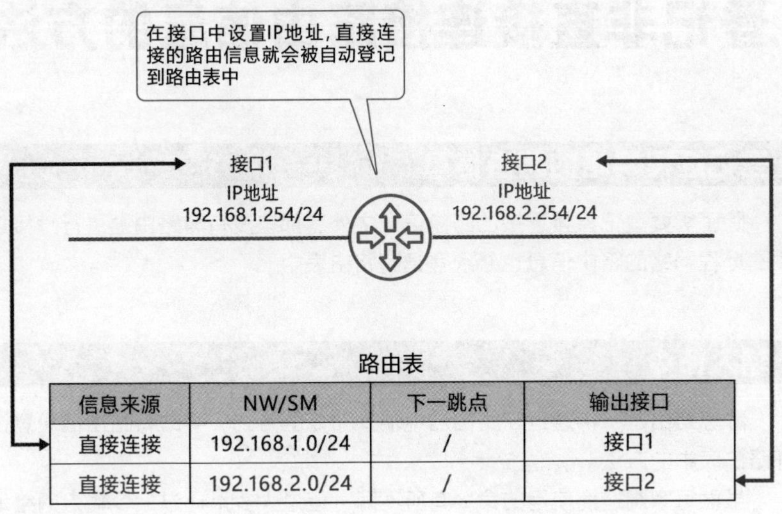

信息来源	NW/SM	下一跳点	输出接口
直接连接	192.168.1.0/24	/	接口1
直接连接	192.168.2.0/24	/	接口2

※NW表示网络地址。
※SM表示子网掩码。

知识点

- ✎可以通过下列 3 种方法将路由信息登记到路由表中。
    - 直接连接。
    - 静态路由。
    - 路由协议。
- ✎在接口中设置 IP 地址的话，直接连接的路由信息就会被自动登记在路由表中。

» 登记非直接连接路由信息的方法

登记远程网络的路由信息

除了需要登记直接连接的路由信息之外，那些没有与路由器进行直接连接的远程网络的路由信息也必须登记到路由表中。

输入命令

静态路由是一种通过在路由器中输入命令的方式，手动将路由信息登记到路由表中的方法。

虽然每家制造商使用的命令有所不同，但是大多是通过命令输入网络地址/子网掩码和下一跳点等内容，就可以将路由信息登记到路由表中（**图 6-10**）。

在路由器之间交换信息

当我们在路由器中将**路由协议**设置为启用后，就可以在路由器之间交换信息并将必要的路由信息登记到路由表中（**图 6-11**）。

路由协议包括下列几种类型（**表 6-1**）。

表 6-1 **主要的路由协议**

名 称	概 要
RIP（Routing Information Protocol）	主要用于小型网络
OSPF（Open Shortest Path First）	也可用于大中型网络
BGP（Border Gateway Protocol）	主要用于互联网的骨干网

图6-10 **静态路由**

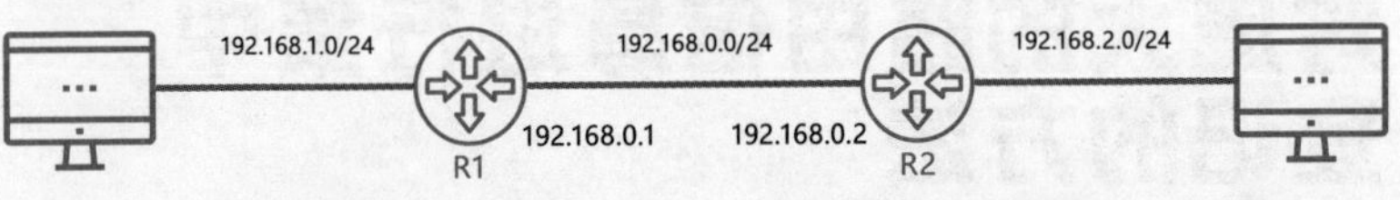

R1 路由表

网络地址	下一跳点
192.168.0.0/24	直接连接
192.168.1.0/24	直接连接
192.168.2.0/24	192.168.0.2 (R2)

使用静态路由的设置命令进行登记
"192.168.2.0/24的下一跳点是192.168.0.2"

R2 路由表

网络地址	下一跳点
192.168.0.0/24	直接连接
192.168.1.0/24	192.168.0.1 (R1)
192.168.2.0/24	直接连接

使用静态路由的设置命令进行登记
"192.168.1.0/24的下一跳点是192.168.0.1"

图6-11 **路由协议**

启用路由协议，在路由器之间交换信息

"192.168.2.0/24的网络在这里"

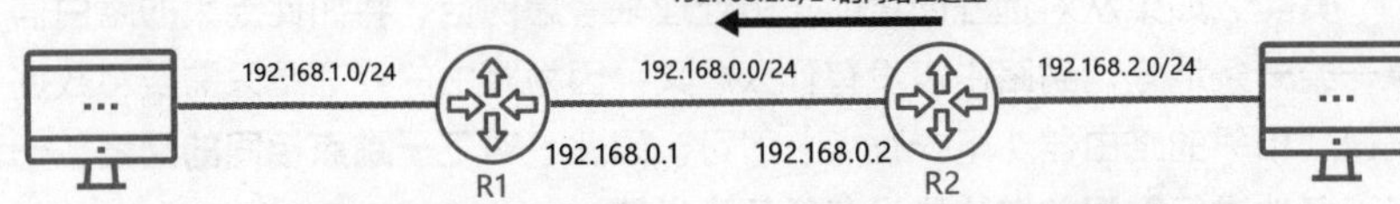

R1 路由表

网络地址	下一跳点
192.168.0.0/24	直接连接
192.168.1.0/24	直接连接
192.168.2.0/24	192.168.0.2 (R2)

根据从R2接收的信息进行登记
"192.168.2.0/24的下一跳点是192.168.0.2"

R2 路由表

网络地址	下一跳点
192.168.0.0/24	直接连接
192.168.1.0/24	192.168.0.1 (R1)
192.168.2.0/24	直接连接

根据从R1接收的信息进行登记
"192.168.1.0/24的下一跳点是192.168.0.1"

知识点

- 远程网络的路由信息有以下两种登记方法。
  - 静态路由。
  - 路由协议。
- 静态路由是通过命令输入网络地址 / 子网掩码和下一跳点的方式登记路由信息的。
- 路由协议是通过在路由器之间交换信息的方式登记路由信息的。

对庞大的路由信息进行集中登记的方法

一条条地登记太麻烦了

我们需要将所有可能参与转发数据的网络的路由信息都登记到路由器的路由表中。

但是要将所有网络的路由信息都登记到路由表里是件非常麻烦的事情。例如，如果是大型企业的网络，就可能存在数百到上千的网络；而互联网中则存在数量庞大的网络。

将路由聚合后再登记

其实，如果从对远程网络的路由处理来考虑的话，将如此庞大的路由信息一条一条地登记到路由表没有什么意义。因为路由的处理是只需要将数据发送到相邻的路由器（下一跳点）即可。因此，**对下一跳点相同的网络，一条一条地进行登记的做法是没有任何意义的**。

这种情况下，就可以考虑使用**路由聚合（图 6-12）**。使用路由聚合就可以将下一跳点相同的远程网络的路由信息合并为一个路由信息，然后再登记到路由表中。通过路由聚合的方式可以使路由表变得干净整洁。如果在使用静态路由进行设置时结合使用路由聚合的话，那么就可以减少设置的次数。在使用路由协议时结合使用路由聚合的话，则可以减少路由器之间交换的路由信息，从而减轻网络的负担。

图6-12 路由聚合示例

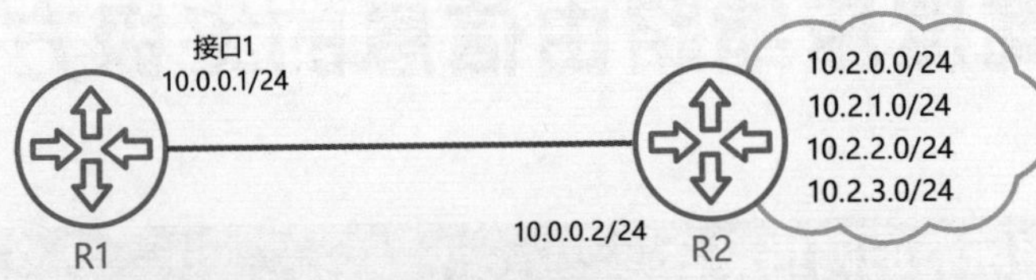

R1 路由表

NW/SM	下一跳点	输出接口
10.2.0.0/24	10.0.0.2	接口1
10.2.1.0/24	10.0.0.2	接口1
10.2.2.0/24	10.0.0.2	接口1
10.2.3.0/24	10.0.0.2	接口1

下一跳点相同
↓
将4份远程网络的路由信息一个一个地登记到路由表也没有什么意义

通过路由聚合的方式进行合并登记

接收方IP:
10.2.0.0/24 或 10.2.1.0/24或
10.2.2.0/24 或 10.2.3.0/24

R1 路由表

NW/SM	下一跳点	输出接口
10.2.0.0/16	10.0.0.2	接口1

将远程网络聚合成一个路由信息

※NW表示网络地址。
※SM表示子网掩码。

知识点

- 可以通过路由聚合的方式将多个网络地址合并为一个路由信息再登记到路由表中。
- 可以通过路由聚合的方式让路由表变得简约、清爽。

» 高度压缩路由信息的终极方法

将所有的网络聚合

将路由聚合的作用发挥到极致的是**默认路由**。默认路由是指使用0.0.0.0/0 表示的路由信息，其中聚合了所有的网络。也就是说，只要将默认路由登记到路由表中，就表示登记了所有网络的路由信息。

实际上，将默认路由解释为是一种**用于向未知网络传输数据包的路由信息的说法并不正确**。因为默认路由表示的是所有的网络。因此，在路由表中登记了默认路由的路由器中并没有未知的网络。不过，默认路由是作为一种非常模糊的信息被登记的。

默认路由的使用示例

对发往互联网的数据包进行路由时，通常需要将默认路由登记到路由表中。虽然互联网中存在着大量的网络，但是在对数据包进行路由时，大多数网络都有一个共同的下一跳点。因此，可以将互联网中大量的网络聚合成默认路由再登记到路由表中（**图 6-13**）。

此外，公司的小规模办公室的路由器，有时也会将其他办事处的内部网络和互联网的网络聚合成默认路由。

图6-13 默认路由的使用示例

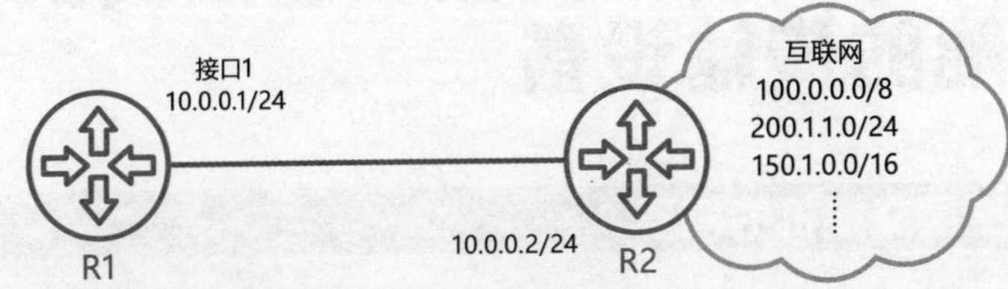

R1 路由表

NW/SM	下一跳点	输出接口
0.0.0.0/0	10.0.0.2	接口1

将互联网中的大量网络地址聚合在一起，并将默认路由登记在路由表中

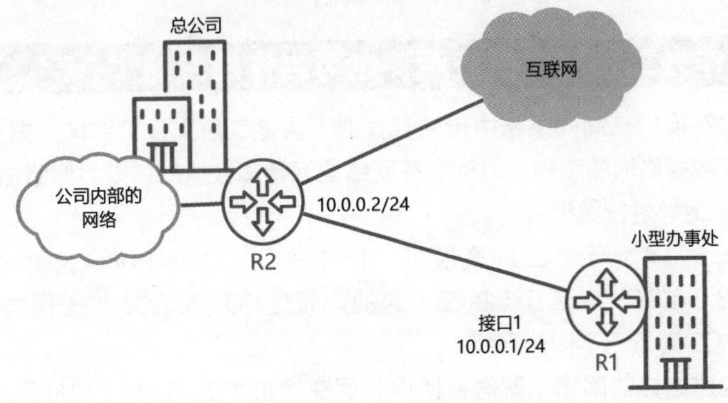

R1 路由表

NW/SM	下一跳点	输出接口
0.0.0.0/0	10.0.0.2	接口1

将互联网中的大量网络地址和其他办事处的网络地址聚合成默认路由

※NW表示网络地址。
※SM表示子网掩码。

知识点

- 默认路由是指使用 0.0.0.0/0 表示的路由信息，是一种将所有网络聚合的终极聚合路由。
- 通常将默认路由作为对互联网进行路由的路由信息使用。

» 同时具备路由器和二层交换机功能的传输设备

三层交换机的概要

三层交换机是一种在二层交换机中添加了路由器功能的网络设备。因此，它既可以像二层交换机那样传输数据，也可以像路由器那样传输数据。三层交换机的外观与二层交换机非常相似，是一种配备了许多以太网接口的网络设备。

表 6-2 中列出了二层交换机和路由器的数据传输特征。

既可作为二层交换机使用，也可当作路由器

三层交换机在同一网络中传输数据时，会像二层交换机那样根据 MAC 地址确定数据传输的路径。另外，在网络之间传输数据时，则会像路由器那样根据 IP 地址进行数据传输。

如**图 6-14** 所示，三层交换机与网络 1（192.168.1.0/24）和网络 2（192.168.2.0/24）是相互连接在一起的。而且 PC1 和 PC2 位于同一网络中，而 PC3 则属于不同的网络。

要构建这样的网络，就需要使用三层交换机中的 VLAN（虚拟局域网）的功能。**要理解三层交换机的原理就必须要理解虚拟局域网**。因此，我们将在 6-13 节对虚拟局域网的相关内容进行详细的讲解。

表6-2 **二层交换机和路由器的数据传输特征**

特　征	二层交换机	路由器
数据	以太帧	IP 数据包
数据的传输范围	同一网络中	网络之间
用于传输的表	MAC 地址表	路由表
传输时参考的地址	MAC 地址	IP 地址
当表中没有所需信息时如何处理	对数据进行泛洪处理	丢弃数据

图6-14 **三层交换机的概要**

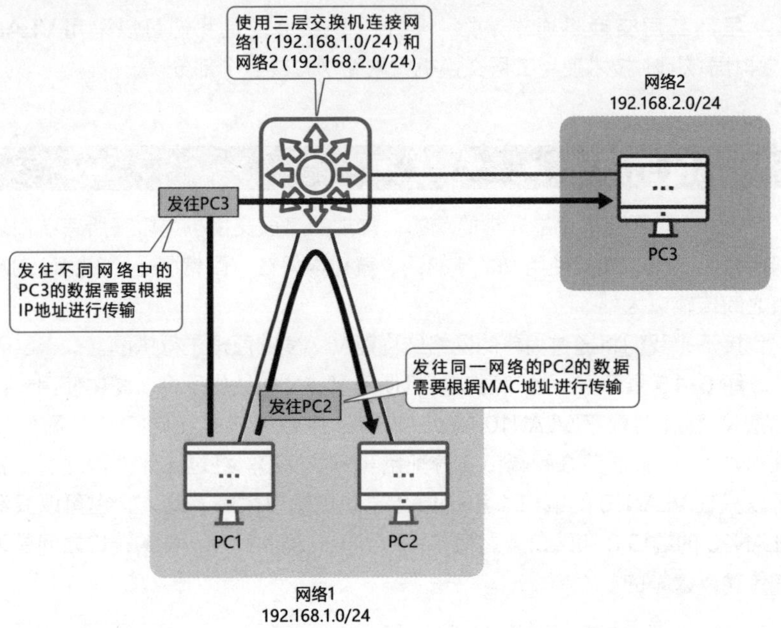

知识点

- 三层交换机是一种在二层交换机中嵌入了路由器功能的网络设备。
- 三层交换机在同一网络中传输数据时像二层交换机那样进行传输，在不同网络之间传输数据时则像路由器那样进行传输。

》使用二层交换机切分网络

将网络切分为多个

二层交换机是一种用于构建“一个”以太网网络的网络设备。**然而，如果在一个网络中连接很多台设备，就会产生很多不必要的数据传输**。因此，为了避免非必要的数据传输以及从安全和管理方面考虑，就需要对网络进行切分处理。

虽然二层交换机通常是指“一个”网络，但是我们可以采用 **VLAN**（虚拟局域网）技术使用二层交换机将网络切分成多个部分。

VLAN 的原理

VLAN 的原理本身是非常简单的。常规的二层交换机可以在所有端口之间传输以太帧。如果使用 VLAN 的话，就可以只在分配给同一个 VLAN 的端口之间传输以太帧。

接下来我们将通过简单的网络结构对 VLAN 的原理进行讲解。

图 6-15 展示了一台二层交换机使用 VLAN 的结构示例。图中使用一台二层交换机创建了 VLAN10 和 VLAN20，并将端口 1 和端口 2 分配给了 VLAN10，再将端口 3 和端口 4 分配给了 VLAN20。经过上述处理之后，就可以只在 VLAN10 的端口 1 和端口 2 之间传输以太帧。此外，也可以只在 VLAN20 的端口 3 和端口 4 之间传输以太帧。而不同 VLAN 的端口之间是无法传输以太帧的。

图6-15 **VLAN 的概要**

MAC地址表

端口	MAC地址	VLAN
1	A	10
2	B	10
3	C	20
4	D	20

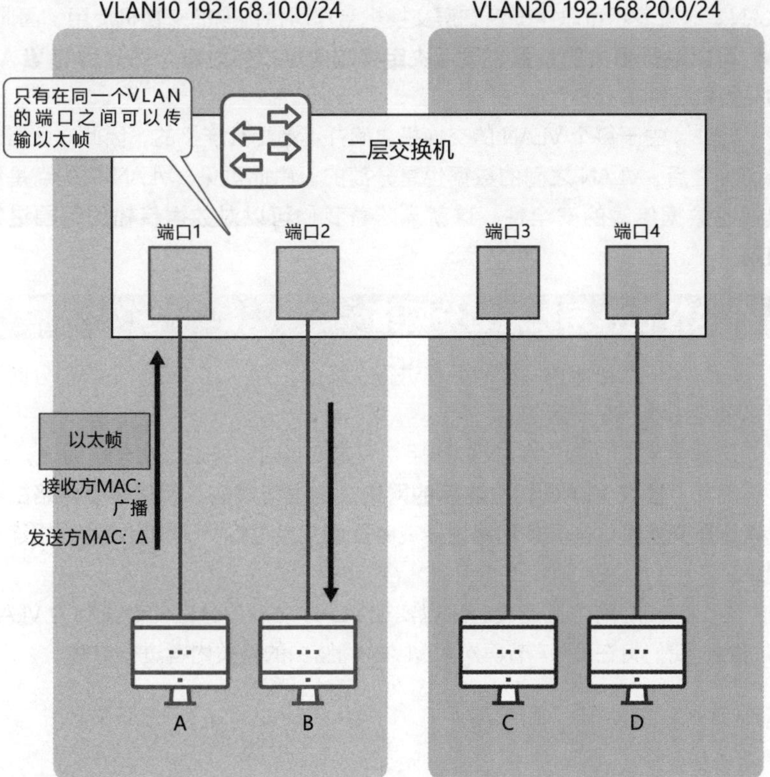

知识点

- 我们可以基于 VLAN 使用二层交换机对网络进行切分。
- 只有在分配给同一个 VLAN 的端口之间可以传输以太帧。

» 使用 VLAN 的好处

VLAN 可以切分二层交换机

简单地说，VLAN 是指一种可以虚拟地切分二层交换机的技术。在上一节的示例中，我们使用一台二层交换机创建了 VLAN10 和 VLAN20 这两个 VLAN。这就表示可以将一台二层交换机当作两台虚拟的交换机使用。因此，我们**可以进行相关的设置，灵活决定将哪些端口作为每个切分后的 VLAN 的交换机**（图 6-16）。

此外，由于每个 VLAN 的交换机之间并不是相互连接的，因此对网络进行切分之后，VLAN 之间的数据也是分离的。由此可见，VLAN 的优点是可以提高数据传输的安全性。这就意味着我们**可以对数据传输的范围进行限制**。

VLAN 的作用就是切分网络

这就等于路由器也同样对网络进行了切分。只不过，被路由器切分的网络是被路由器连在一起的。

还需要注意的是，VLAN 的作用“只是负责对网络进行切分”而已。

因此，**要在 VLAN 切分之后的网络之间进行通信，就需要使用路由器或者三层交换机**。需要使用路由器或者三层交换机将 VLAN 切分的网络连接起来。

将 VLAN 之间相互连接起来以实现 VLAN 之间的通信的做法称为 VLAN 间路由。我们将在 6-17 节再次对 VLAN 间路由的相关内容进行讲解。

图6-16 使用 VLAN 切分二层交换机

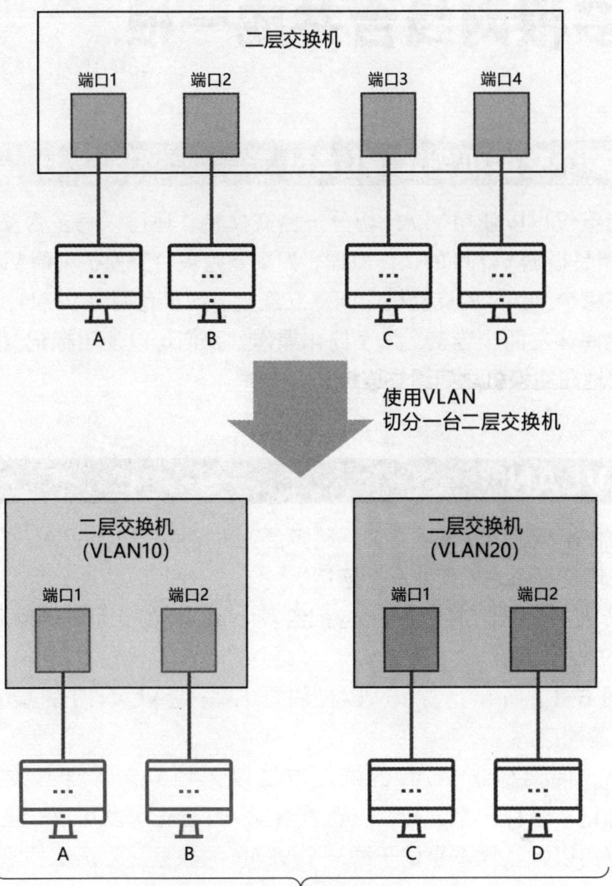

知识点

- 可以使用 VLAN 虚拟地切分二层交换机。
- 由于使用 VLAN 切分的二层交换机之间没有连接，因此不同的 VLAN 之间无法直接通信。

» 将多根网线合并成一根

使用多个交换机创建 VLAN

我们不仅可以使用 VLAN 切分一台交换机，还可以跨多台交换机创建 VLAN。但是根据 VLAN 的工作原理，如果要跨多台交换机创建 VLAN 的话，就需要在每个 VLAN 的交换机之间建立连接。如果有两个 VLAN，就必须在交换机之间建立两个连接。为了简化操作，我们可以使用**标记 VLAN**[※1] 的端口**高效地在交换机之间建立连接**。

标记 VLAN

如果使用标记 VLAN 的端口，跨多台二层交换机构建 VLAN 的话，就可以只在二层交换机之间建立一个连接。

标记 VLAN 的端口是指一种分配给多个 VLAN 的，可以传输多个 VLAN 的以太帧的端口。

如**图 6-17** 所示，标记 VLAN 的端口既是 VLAN10 的端口，也是 VLAN20 的端口。

此外，使用标记 VLAN 的端口收发以太帧时，需要在数据中添加 **VLAN 标记**。这样一来，我们只要查看 VLAN 标记，就可以知道在交换机之间传输的以太帧原本是属于哪一个 VLAN 的数据。二层交换机需要根据 VLAN 标记对 VLAN 进行识别，并依照 VLAN 的基本原理，只在同一 VLAN 的端口之间传输以太帧。

在 **IEEE 802.1Q** 规范中对 VLAN 标记进行了规定。如**图 6-18** 所示，使用标记 VLAN 端口处理的以太帧，需要在首部添加 VLAN 标记，以便二层交换机对 VLAN 进行识别。

※1 标记 VLAN 也可称为中继。

图6-17 交换机之间的连接

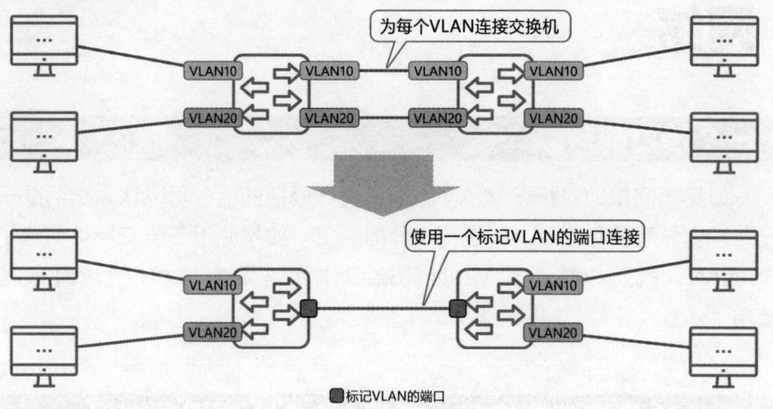

图6-18 IEEE 802.1Q 标记

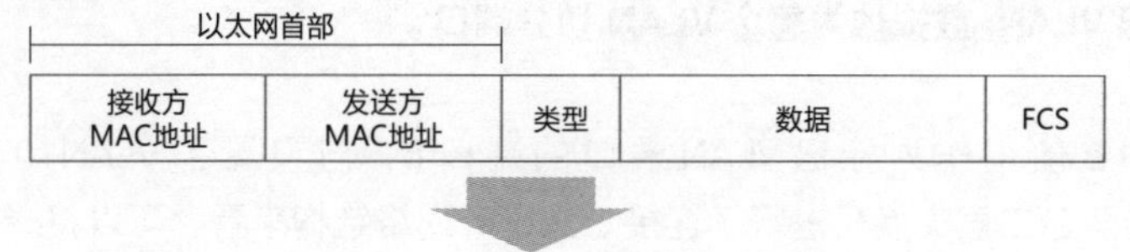

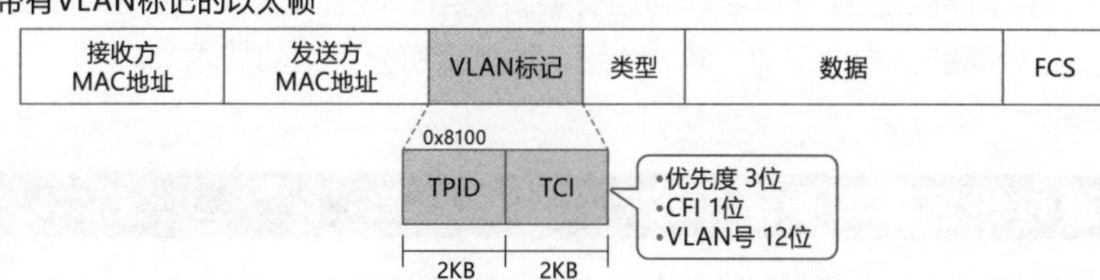

知识点

- 构建跨多台交换机的 VLAN 时，可以将交换机之间的连接合并在一个标记 VLAN 端口。
- 需要在标记 VLAN 端口处理的以太帧中添加 VLAN 标记。

» 无须添加设备或更改线路即可修改网络

一个端口都可以

如果要简单地对标记 VLAN 的端口进行概括的话，可以认为它们是一种允许根据分配的每个 VLAN 进行切分的端口。如果使用二层交换机创建了两个 VLAN，就可以将标记 VLAN 的端口作为这两个 VLAN 的端口来区分使用。

VLAN 是切分交换机、标记 VLAN 是切分端口

接下来，我们将对 VLAN 和标记 VLAN 进行总结。

- **VLAN: 虚拟地切分二层交换机。**
- **标记 VLAN: 虚拟地为每个 VLAN 切分端口。**

图 6-19 使用作为标记 VLAN 端口的端口 8，对设置了 VLAN10 和 VLAN20 的两台二层交换机进行了连接。从这个网络结构来看，可以将端口 8 连接的两台二层交换机当作两组交换机使用，两台二层交换机之间的连接是完全分离的。由此可见，VLAN 是一种负责切分网络的技术。

通过设置即可灵活修改

我们可以通过设置灵活地修改使用二层交换机创建的 VLAN。此外，还可以通过设置灵活决定将哪个端口分配给哪个 VLAN，将哪个端口设置为标记 VLAN 的端口等。通过使用 VLAN 和设置相关端口的方式，在无须添加设备或更改线路的情况下灵活地决定需要多少个网络。也就是说，使用 VLAN 的好处是可以非常灵活地构建网络。

图6-19 VLAN与标记VLAN

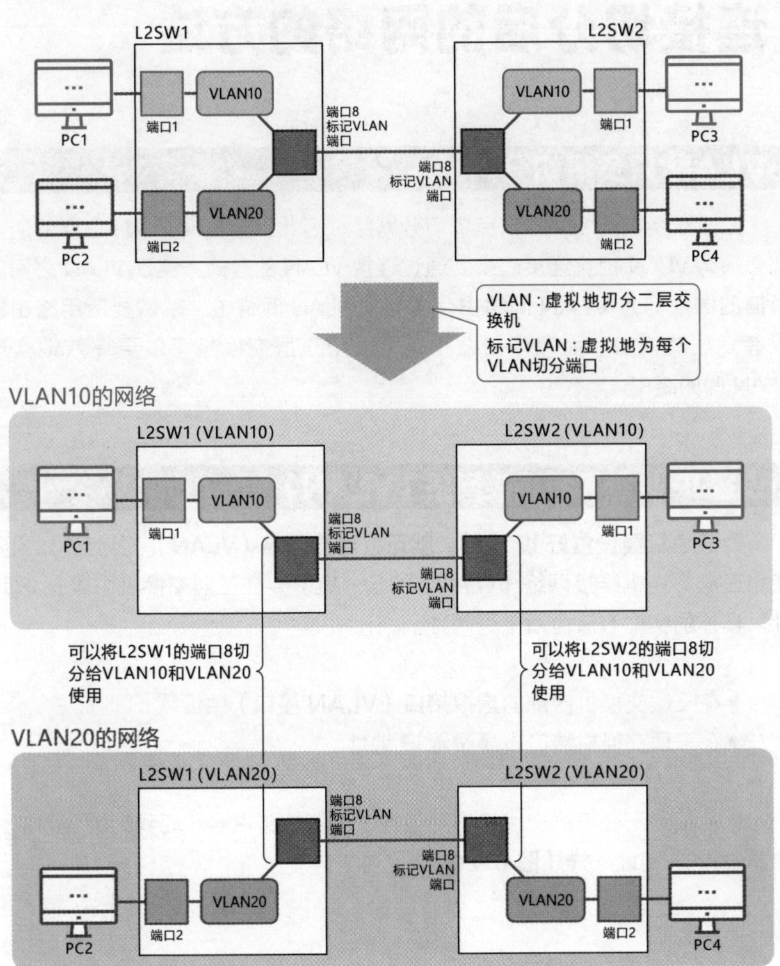

知识点

- 标记 VLAN 端口可以将一个端口切分给每个 VLAN 使用。
- 可以根据 VLAN 的设置灵活地对网络进行切分。

» 连接切分后的网络的方法

VLAN 只负责切分网络

二层交换机的 VLAN 只负责切分网络。因此，要实现 VLAN 之间的通信就必须将 VLAN 相互连接起来。通过连接 VLAN 的方式来实现 VLAN 之间的通信的做法称为 **VLAN 间路由**。要实现 VLAN 间路由，就需要使用路由器或者三层交换机。而和路由器相比，使用三层交换机可以更高效地实现 VLAN 间的路由。

设置 IP 地址即可连接网络（VLAN）

要知道**只要设置好 IP 地址，就可以连接网络（VLAN）**。因此，如果要使用三层交换机连接网络（VLAN）的话，就需要在三层交换机中设置 IP 地址。具体的实现方法包括下列两种。

- 在三层交换机内部的**虚拟接口（VLAN 接口）**中设置 IP 地址。
- 在三层交换机端口本身设置 IP 地址。

这就相当于在三层交换机内部包含了虚拟的路由器，而我们需要为该路由器设置 IP 地址一样（**图 6-20**）。

图6-20 三层交换机的 IP 地址的设置示例

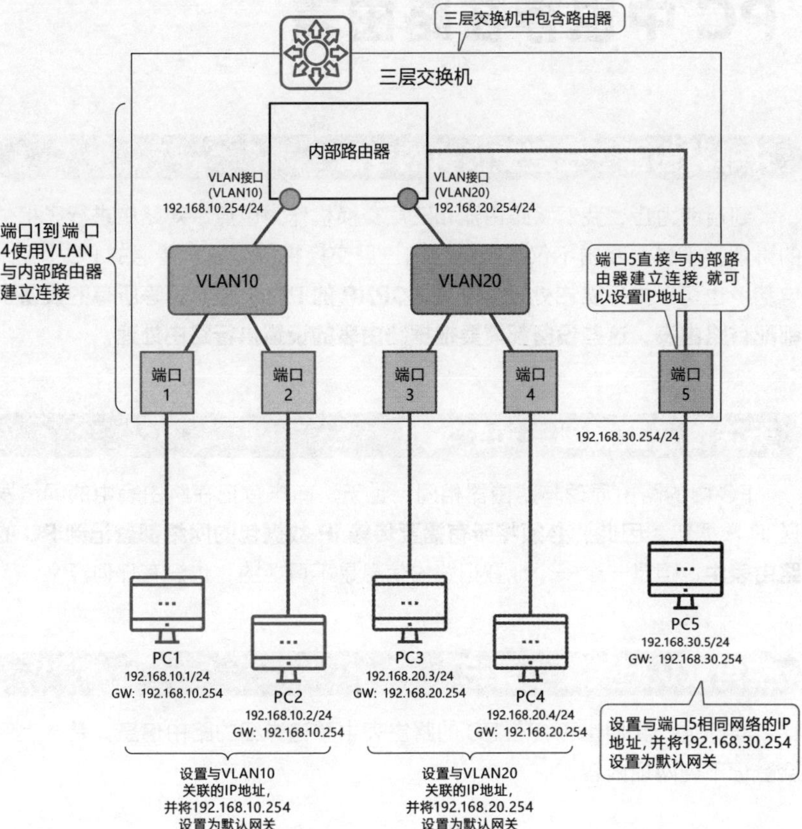

知识点

- ✎使用三层交换机可以比路由器更高效地在 VLAN 之间建立连接。
- ✎可以在三层交换机中设置 IP 地址对 VLAN 进行连接。
  - 在三层交换机内部的虚拟接口中设置 IP 地址。
  - 在三层交换机端口本身设置 IP 地址。

» PC 中也存在路由表

并非路由器、三层交换机的专属

到目前为止，我们将路由器和三层交换机作为重点，对路由进行了相关的讲解。不过，路由不仅是路由器和三层交换机的专属，普通的 PC（个人电脑）也可以执行路由处理。**使用 TCP/IP 的 PC 和服务器等所有的设备中都配有路由表，这些设备都需要根据路由表的设置执行路由处理**。

无法发送数据到未知的网络

PC 中的路由原理与路由器相同，也无法向未登记在路由表中的网络发送 IP 数据包。因此，**必须将所有需要传输 IP 数据包的网络都登记到 PC 的路由表中**。但是一个一个地登记路由信息是不可能的，也没有任何意义。

使用默认网关集中登记

实际上，我们也不会在 PC 的路由表中登记详细的路由信息。基本上只会登记下列两项内容。

- 直接连接的路由信息：设置 IP 地址。
- 默认路由：设置默认网关的 IP 地址。

设置好 IP 地址之后，就可以将 PC 直接连接的网络的路由信息登记到路由表中。然后，将 PC 自身连接的网络之外的所有信息作为 0.0.0.0 / 0 的默认路由集中一起登记。这个设置就是指**默认网关** IP 地址的设置（**图 6-21**）。

图6-21 PC的路由表

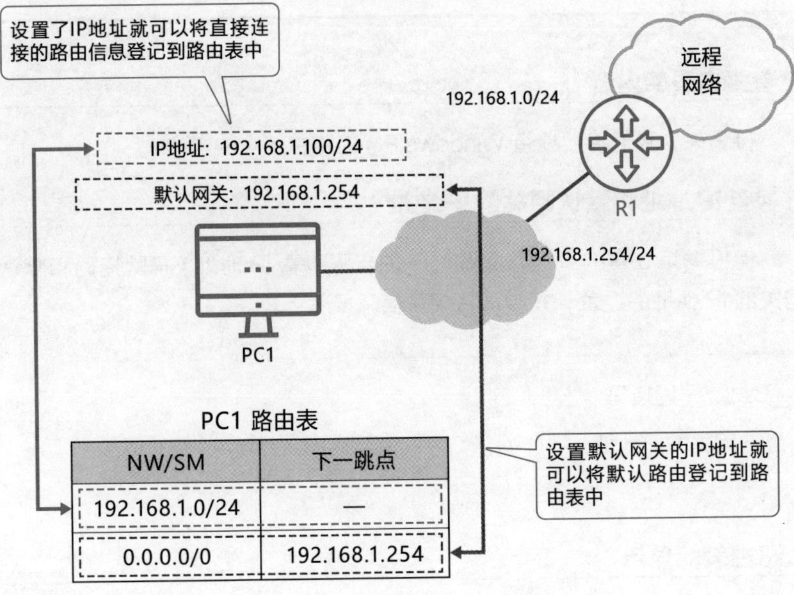

NW/SM	下一跳点
192.168.1.0/24	—
0.0.0.0/0	192.168.1.254

知识点

- PC和服务器中也配备了路由表，而且它们也是根据路由表对IP数据包进行传输的。
- 设置IP地址就可以将直接连接的路由信息登记到PC的路由表中。
- 设置好默认网关的IP地址，就可以将聚合了所有网络的默认路由信息登记到PC的路由表中。

开始实践吧

检查路由表的内容

接下来，我们将要检查 Windows PC 的路由表中的内容。

1. 检查 IP 地址和默认网关的 IP 地址

请根据第 3 章的“开始实践吧”的步骤查看 IP 地址 / 子网掩码和默认网关的 IP 地址的设置，并尝试将相关信息填入下表。

IP地址/子网掩码：
默认网关的IP地址：

2. 路由表的显示

请在“命令提示符”窗口中执行 route print 命令以显示路由表。然后对显示的内容与步骤 1 中查找到的设置内容进行比较，检查直接连接的路由信息和默认路由是否登记在其中。

图6-22 路由表示例

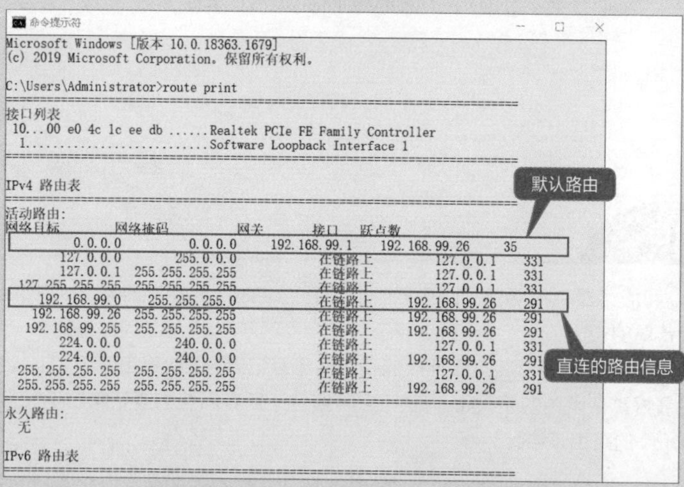

第7章

网络安全技术——防止网络攻击

» 限制访问用户和设备的方法

谁连接着网络

网络不可能允许任何人毫无限制地连接。因此，为了对网络的连接进行限制，就需要对连接网络的用户和设备进行严格的检查。也就是说，需要进行**身份认证**。

身份认证概要

所谓身份认证，是一种验证使用网络和系统的用户或者设备是否合法的方式。**通过身份认证的方式可以让非法的用户无法访问网络和系统**（图 7-1）。身份认证是安全措施中最基本且最重要的部分。

因此，我们必须要考虑应当依照什么样的标准来验证用户是否合法。验证用户合法的方法大致可以分为下列 3 种（**图 7-2**）。

第一种是根据用户应当掌握的信息进行身份认证的方法。一般常见的方法是**密码认证**，其理论依据是“如果是合法的用户，那就应该知道自己的密码”。

第二种是根据 IC 卡等用户应当持有的**物品进行身份认证**的方法。例如，公司预先为员工分发了内置 IC 卡的员工卡。那么公司就可以根据“合法的用户应当持有 IC 卡”的标准来验证员工是否为合法的用户。

第三种是根据用户的身体特征进行身份认证的方法。例如，预先对指纹和视网膜等用户个人身体特征进行登记。我们就可以根据“如果是合法的用户，就应当与预先登记的身体特征匹配”的标准来验证用户是否合法。这种根据身体特征进行身份认证的方式被称为**生物识别认证**。

图7-1 身份认证的概要

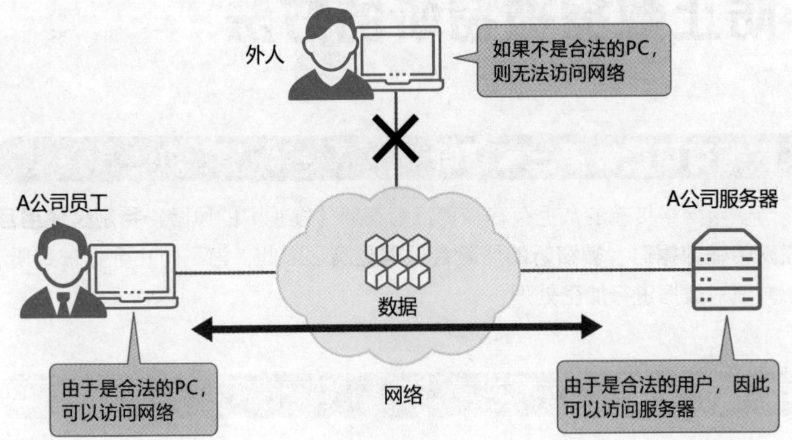

图7-2 身份认证的要素

用户
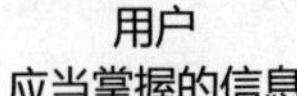

abc_123!

密码

用户
应当持有的物品

具有IC卡功能的员工卡

用户的
身体特征

指纹

视网膜

知识点

- 可以通过身份认证的方式验证使用网络和系统的用户或设备是否合法。
- 主要的身份认证要素如下：
  - 用户应当掌握的信息。
  - 用户应当持有的物品。
  - 用户的身体特征（生物识别）。

» 防止数据被窃听的方法

数据有可能被第三者窃听

使用网络传输的数据存在被第三者窃听（窥视）的风险。**特别是使用互联网传输数据时，被窃听的风险会变得更高**。因此，为了防止数据被窃听，就需要对数据进行**加密**处理。

数据的加密

通过采用对数据进行加密的方式，就可以防止除了合法的用户之外的他人知晓数据的内容。即使在网络中传输数据时被第三者窃听，第三者也无法知晓数据的内容（**图 7-3**）。

通常情况下，我们将没有经过加密的数据称为**明文**。对明文进行加密处理时需要使用**加密密钥**。加密密钥是一串具有特定位长的数值。而加密则是指使用明文和加密密钥进行数学运算，并生成**密文**这种经过加密的数据的过程。

数据的解密

此外，我们也可以使用密文和加密密钥进行与加密相反的运算，将密文还原成原始的明文。将密文还原成原始的明文的操作被称为**解密**。而在加密和解密时需要进行的数学运算则称为**加密算法**（**图 7-4**）。

图7-3 加密的概要

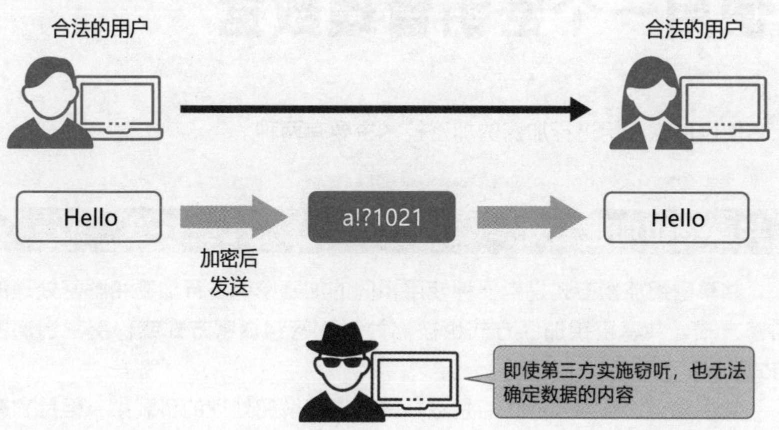

图7-4 加密与解密

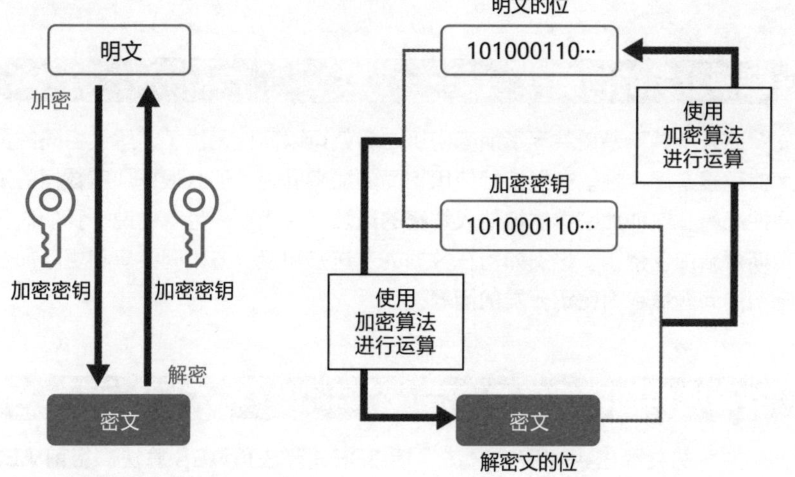

知识点

✎可以采用对数据进行加密的方法来防止数据被窃听。

» 使用一个密钥管理数据

使用加密密钥进行加密的加密技术主要有两种。

共享密钥加密方式

共享密钥加密方式是指一种使用相同的加密密钥进行加密和解密处理的加密方式。共享密钥加密方式也被称为**对称密钥加密方式**或**秘密密钥加密方式**。

共享密钥加密方式的优点是数据的加密和解密处理的负载小。但是它**有一个很大的缺点，那就是难以在多个用户之间共享加密密钥**。为了对数据进行加密和解密处理，必须预先在数据的发送方和接收方之间共享加密密钥，而且加密密钥不能被第三者知道。因此，如何安全地在发送方和接收方之间共享加密密钥，是共享密钥加密方式亟待克服的重要问题（图 7-5）。

密钥分发的问题

此外，并不是说共享了加密密钥之后就可以高枕无忧了。解读密码的最大的线索是规律性。如果持续使用相同的加密密钥，那么根据加密数据的规律性来看，这种加密数据**被他人解密的风险**就会增加。也就是说，我们需要定期更新加密密钥。这类如何在数据的发送方和接收方之间共享和更新加密密钥的问题被称为**密钥分发的问题**。

共享密钥加密使用的算法

主要的共享密钥加密的算法包括 3DES 算法和 AES 算法。**目前 AES 算法的使用较为广泛**。

图7-5 共享密钥加密

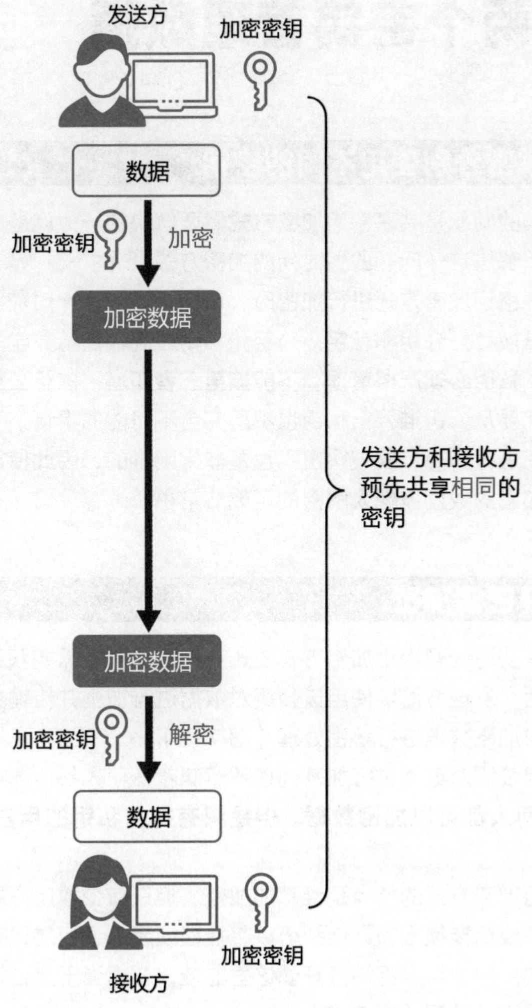

知识点

- 共享密钥加密的方式需要使用相同的加密密钥进行加密和解密处理。
- 共享密钥加密方式中存在如何共享和更新加密密钥的密钥分发的问题。

» 使用两个密钥管理数据

加密和解密分别使用不同的密钥

密钥分发的问题是共享密钥加密方式需要解决的一大问题。而**公开密钥加密方式**则是解决这一问题的划时代的加密方式。

使用公开密钥加密方式进行加密时，首先需要创建一对加密密钥。这对加密密钥通常被称为**公钥**和**私钥**。公钥和私钥之间存在着数学关系，**公钥可以对外公开，私钥必须严格管理，不能被第三者知道**。由于公钥和私钥是相关联的，因此要从公钥推算出私钥也不是完全不可能的事情。不过，现实中即使花费时间进行计算，要破解密码也是非常困难的，因此使用公开密钥加密方式进行加密的数据被他人解密的可能非常小。

使用公开密钥加密

发送方在使用公开密钥加密方式发送加密数据时，需要获取接收方发布的公钥。然后，发送方需要使用该公钥对数据进行加密并传输数据，接收方再使用私钥对加密数据进行解密处理（**图 7-6**）。

可以使用公钥对数据进行加密处理就意味着任何人都可以对数据进行加密。**虽然任何人都可以加密数据，但是只有持有私钥的用户才可以解密数据**。

公开密钥加密方式的特点是谁都能加密，但只有少数用户能解密，大家可以把它想象成给挂锁上锁。谁都可以将挂锁锁起来，但是只有拥有与挂锁匹配的钥匙的用户才可以将锁打开。这里的挂锁就相当于是公钥，打开挂锁的钥匙就相当于是私钥（**图 7-7**）。

图7-6 公开密钥加密方式的概要

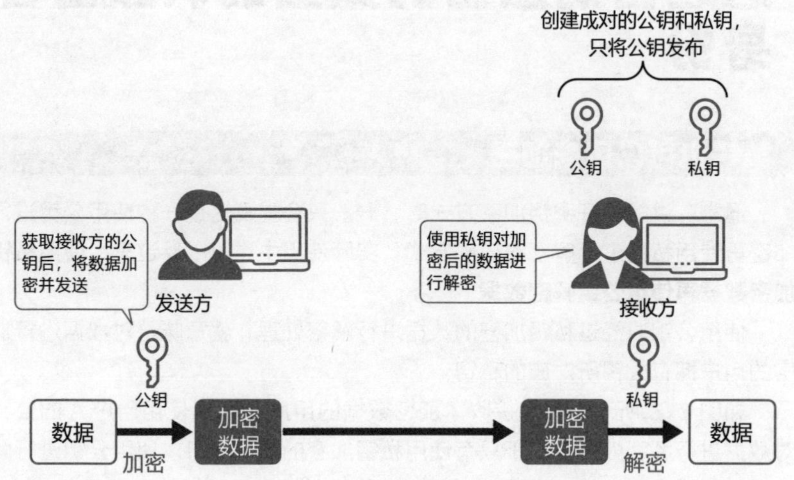

图7-7 使用挂锁加密

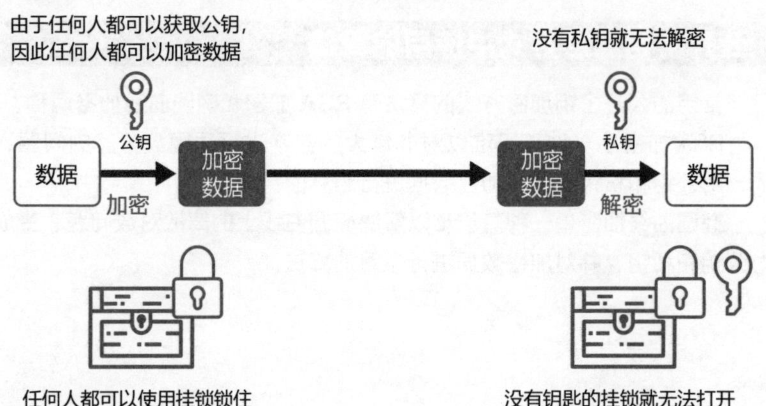

知识点

- 公开密钥加密方式需要使用不同的密钥对数据进行加密和解密处理。
- 使用公钥加密数据之后，只有私钥可以解密数据。

» 通过密钥加密的数据确认加密者身份

私钥也可以用来加密

通常在讲解公开密钥加密方式时，一般只会提及这是一种使用公钥进行加密再使用私钥进行解密的加密方式。实际使用中也可以反过来，**使用私钥加密数据再使用公钥解密数据**。

使用公钥对经过私钥加密的数据进行解密处理，就意味着对数据进行加密的用户拥有公钥所对应的私钥。

如图 7-8 所示，假设接收了加密数据的用户 B 可以使用用户 A 的公钥对数据进行解密处理。由于只有使用私钥加密的场合才可以使用公钥进行解密，因此用户 B 就可以确定对数据进行加密并发送了数据的人是用户 A。

注意，使用私钥加密数据并使用公钥解密数据的机制不适用于前面讲解的挂锁的例子。

公开密钥加密方式中使用的算法

常用的公开密钥加密方式的算法有 **RSA 加密**和**椭圆曲线加密**两种。

RSA 加密是一种基于难以对非常大的数字进行质因数分解的问题，生成一对公钥和私钥，并对加密数据进行运算的算法。

椭圆曲线加密是一种基于难以解决椭圆曲线上的离散对数问题，生成一对公钥和私钥，并对加密数据进行运算的算法。

图7-8 使用私钥加密并使用公钥解密

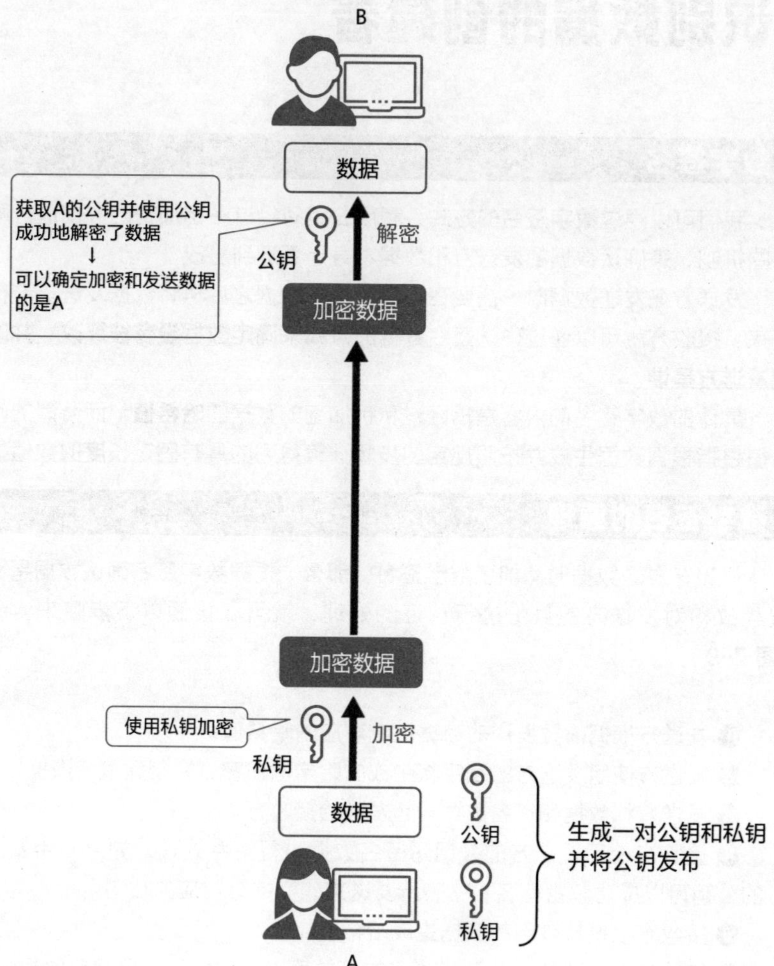

知识点

- 使用私钥加密数据时，只有公钥可以解密数据。
- 如果可以使用某个用户的公钥对加密数据进行解密处理，就说明该用户的确是持有私钥的用户本人。

» 识别数据的创建者

数字签名

我们可以通过**数字签名**的方式，利用公钥对经过私钥加密的数据进行解密的机制，来确认数据的发送方和数据本身是否遭到篡改。

发送方在发送数据时，需要在添加了签名数据之后再将数据发送。这样一来，接收方就可以通过确认签名数据的方式来**确定数据没有被篡改，并确定发送方是谁**。

具体的数字签名的内容是指经过私钥加密的数据的**哈希值**。而所谓的哈希值是指根据数据生成并按照规定的步骤计算得到的具有固定长度的数值。

数字签名的原理

假设在发送数据时添加了数字签名，那么，根据数字签名确认数据是否被篡改和对发送方的身份进行认证的处理，就需要按照以下步骤来实现（图 7-9）。

❶ 发送方根据需要发送的数据生成对应的哈希值。

❷ 发送方使用发送方的私钥将生成的哈希值加密，并创建签名数据。

❸ 发送方将数据和签名数据一起发送给接收方。

❹ 接收方使用发送方的公钥对签名数据进行解密处理。如果使用发送方的公钥可以成功解密签名，就表示发送方确实持有对应的私钥。

❺ 接收方根据接收到的数据生成哈希值。

❻ 接收方对生成的哈希值和签名的哈希值进行比较。如果哈希值相同，则可以确定数据没有遭到篡改。

图7-9 数字签名

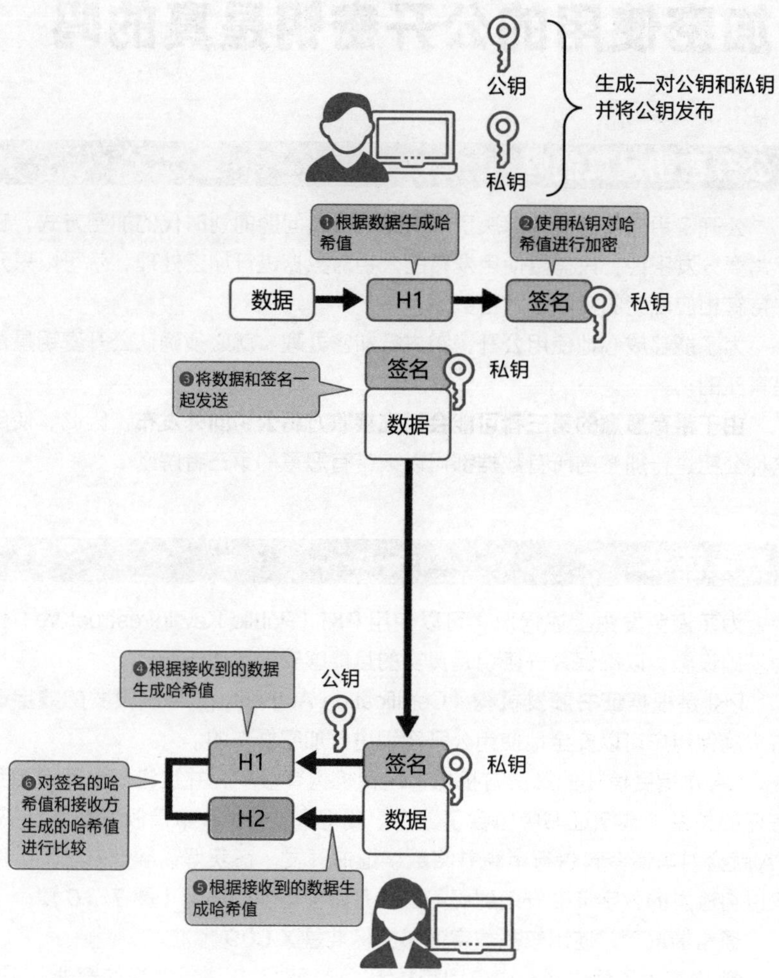

知识点

- 可以通过数字签名的方式确认数据的发送方和数据是否遭到篡改。
- 数字签名是指使用私钥加密的数据的哈希值。

» 加密使用的公开密钥是真的吗

公开密钥是真的吗

公开密钥加密是一种解决了加密密钥分发问题的划时代的加密方式。它不需要分发密钥，只需要使用发布的公钥对数据进行加密处理，就可以只允许持有相应私钥的接收方解密数据。

为了能够放心地使用公开密钥进行加密处理，就必须确认公开密钥是否是真实的。

由于带有恶意的第三者可能会冒充接收方将公钥向外发布。因此，使用这种公钥进行加密的所有数据都可以被带有恶意的第三者解密。

数字证书

为了避免发生上述情况，可以使用 **PKI**（Public Key Infrastructure）作为基础设施，以确保公开密钥是真实的且能够安全地用于加密。

PKI 是根据**证书颁发机构**（Certification Authority，CA）颁发的**数字证书**来确保用户可以安全地使用公开密钥进行加密操作的。

CA 是指受信任的第三方机构。这种机构有很多，并且它们之间是相互信任的关系。数字证书中包含了公钥。我们只要向 CA 申请颁发数字证书，CA 就会对申请资料进行审查并将数字证书颁发。在获得数字证书之后，就可以将颁发的数字证书安装到服务器并开始使用加密功能（**图 7-10**）。

通常情况下，使用较多数字证书的标准是 **X.509** 标准。

❶ 申请人需要生成一对公钥和私钥。必须对私钥进行严格的管理。

❷ 申请人将公钥和所有者信息发送给 CA，并申请颁发证书。申请颁发证书的过程被称为 CSR（Certificate Signaling Request）。

❸ CA 在接受申请后，会对所有者信息进行审查，如果没有问题就会创建证书。

❹ CA 将创建的证书颁发给申请人。

❺ 申请人将颁发的证书安装到需要使用的服务器等设备中。

图7-10 数字证书的概要

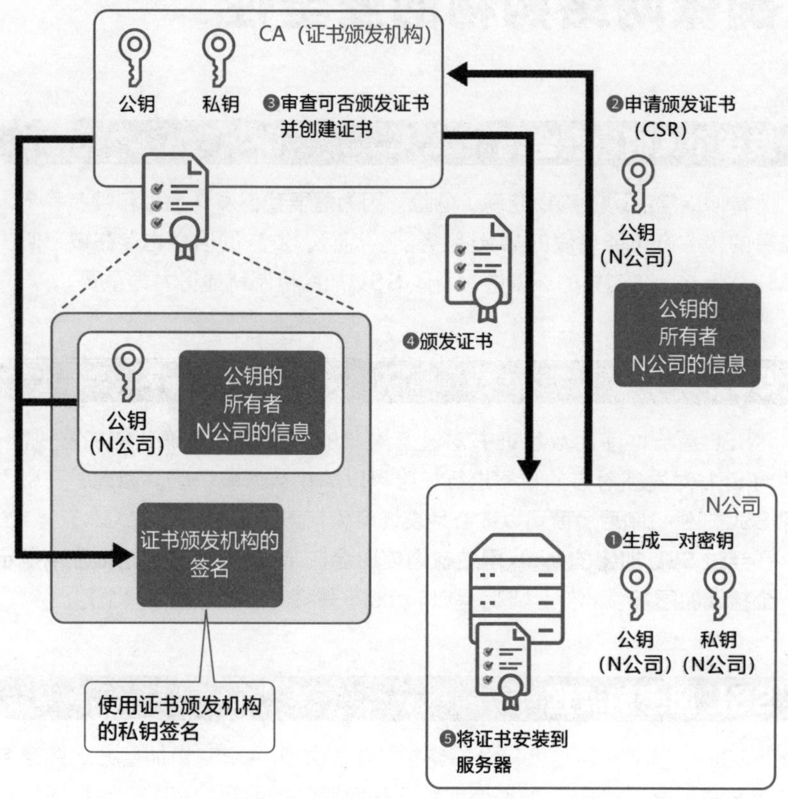

知识点

- 使用可以保证公钥真实性的数字证书，来确保可以安全地使用公开密钥加密方式进行加密的机制被称为 PKI。
- 受信任的负责颁发数字证书的第三方机构被称为 CA。
- 数字证书中包含的是 CA 可以保证真实性的公钥。

» 确保网络购物的安全性

发送个人信息安全吗

看似平常的网上购物充满了危险。因为需要我们发送地址和姓名等个人信息的接收方可能是假的 Web 服务器。而且，发送的信息也存在被窃听的风险。因此，在这样的环境中，引入 **SSL** 加密机制就显得尤为重要。

SSL

SSL 是一种使用数字证书对通信对象的真实性进行确认的加密机制。使用 SSL 对发往对方的数据进行加密可以防止数据被窃听。因此，在引入了 SSL 加密机制后，就可以放心地发送个人信息了。

经过 SSL 加密的 Web 网站在通信时会在 Web 浏览器的地址栏中显示一个挂锁的图标。此外，URL 是以 https:// 开头的地址（**图 7-11**）。

SSL 加密的流程

SSL 加密是一种结合了公开密钥加密方式和共享密钥加密方式的**混合加密**方式。要实现 SSL 的通信就需要获取服务器的数字证书。可以通过检查数字证书的方式确认该服务器是否被人冒充。数字证书中包含了服务器的公钥。由于使用公钥进行的加密处理负载较大，因此**需要进行通信的应用程序的数据本身不是使用公钥进行加密的**。证书中包含的公钥的作用是安全地分发共享密钥。使用数字证书中包含的公钥对共享密钥进行加密 ※1，就可以在客户端 PC 和服务器之间安全地对共享密钥进行共享。

之后，只需要通过使用共享密钥的共享密钥加密方式对实际的数据进行加密即可（**图 7-12**）。

※1 不是使用公钥对共享密钥本身进行加密，而是使用公钥对生成共享密钥的原始数据进行加密。

图7-11 使用 SSL 加密的 Web 网站示例

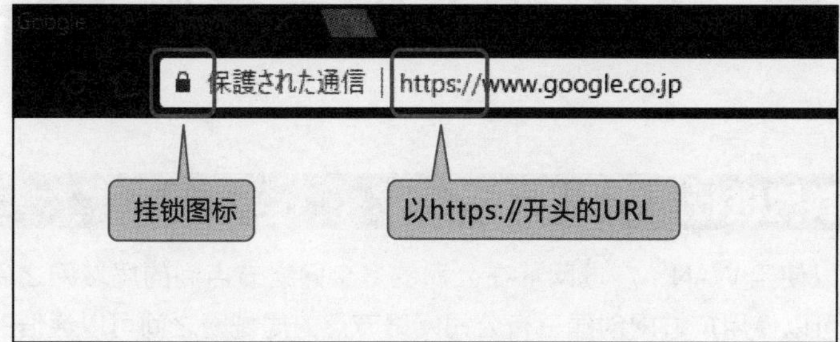

图7-12 SSL 加密的流程

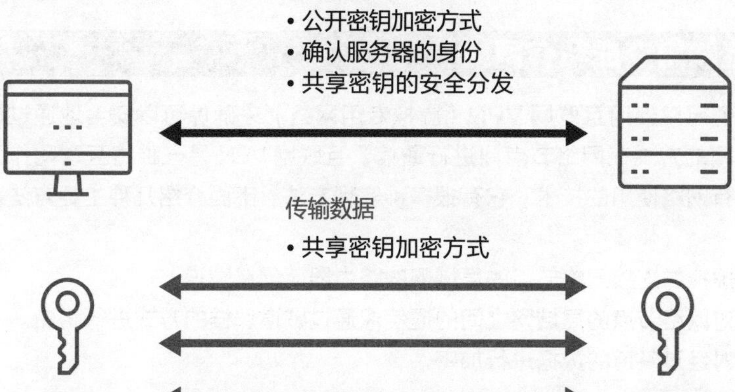

知识点

- ✐SSL 需要使用数字证书确认通信对象的真实性。
- ✐需要使用数字证书中包含的公钥安全地分发共享密钥。
- ✐需要通过共享密钥加密方式对数据进行加密。

» 低成本、安全地在站点之间进行通信

使用互联网进行网络节点间的通信

我们可以使用 WAN（广域网）在公司的多个网络节点间的局域网之间进行通信。可以使用广域网创建只有公司网络节点的局域网之间可以通信的私有网络。广域网的运营商已经在安全方面做好了充分的保障，因此可以放心使用。不过，使用广域网的成本很高。

而**连接互联网的成本要远远低于使用广域网的成本**。但是由于我们不知道有哪些人连接了互联网，存在数据被窃听等安全相关的风险（图 7-13）。

将互联网变成私有网络

我们可以使用**互联网 VPN**（虚拟专用网络）来确保可以安全地通过连接互联网的方式在网络节点间进行通信。互联网 VPN 是一种将互联网作为虚拟私有网络使用的技术。它有很多种实现方法，下面介绍几种主要方法。

- 虚拟的连接网络节点的局域网的路由器（**网络隧道**）。
- 对网络节点的局域网之间的通信像通过隧道那样的方式进行路由。
- 对经过隧道的数据进行加密。

也可以使用 IPSec 或 SSL 等加密协议对数据进行加密。但是**发往互联网的普通数据无须进行加密，可以直接传输**（图 7-14）。

图7-13 比较网络节点间的通信

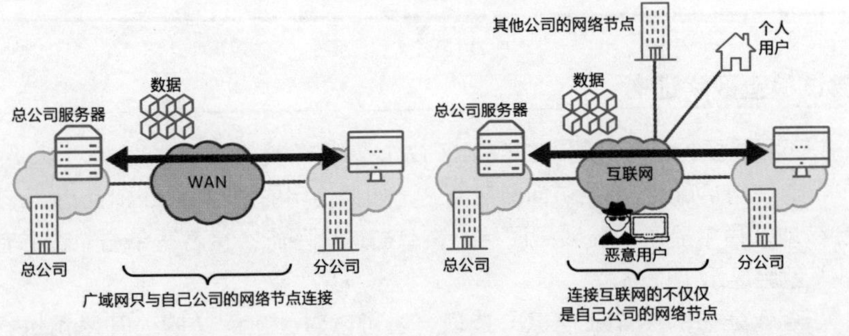

	广域名	互联网
成本	高	不高
安全性	由运营商确保安全	存在被窃听的风险

图7-14 互联网 VPN 的概要

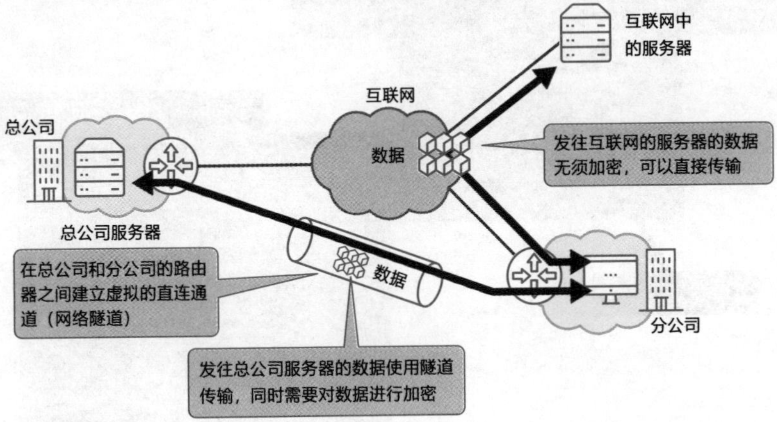

互联网中的服务器

互联网

总公司

数据

发往互联网的服务器的数据无须加密，可以直接传输

总公司服务器

在总公司和分公司的路由器之间建立虚拟的直连通道（网络隧道）

数据

分公司

发往总公司服务器的数据使用隧道传输，同时需要对数据进行加密

知识点

- 互联网 VPN 是一种将互联网作为私有网络使用的技术。
- 互联网 VPN 可以虚拟地将网络节点间的路由器直接连接起来。
- VPN 会使用隧道传输网络节点间的数据，也会对数据进行加密处理。

开始实践吧

尝试检查数字证书

下面将要检查必应网站的数字证书。

请使用 Web 浏览器访问必应网站。如果使用的是 Google Chrome，就会在地址栏中显示“挂锁”图标。请单击这个图标。接着再单击“证书有效”就会显示出证书。

查看证书的“详细信息”选项，还可以对必应网站的公开密钥进行确认。

图7-15 必应网站的证书

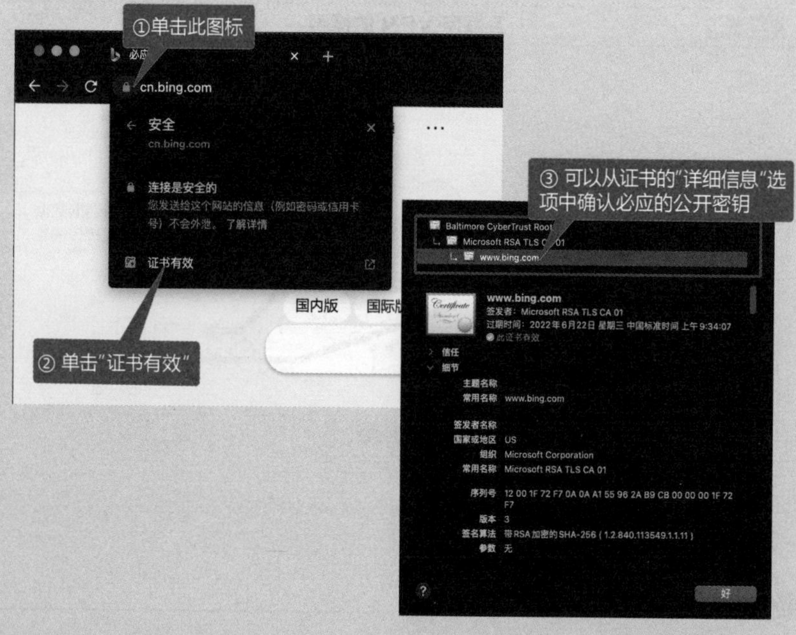